Naomi Ryland/Lisa Jaspers
STARTING A REVOLUTION

Naomi Ryland/Lisa Jaspers

STARTING
A REVOLUTION

Was wir von Unternehmerinnen über die Zukunft der Arbeitswelt lernen können

Aus dem Englischen
von Violeta Topalova

Econ

Besuchen Sie uns im Internet:
www.ullstein.de

Econ ist ein Verlag
der Ullstein Buchverlage GmbH

ISBN 978-3-430-21033-1

Gesetzt aus der DTL Documenta
Satz: Pinkuin Satz und Datentechnik, Berlin
Druck und Bindearbeiten: CPI books GmbH, Leck

Für unsere Eltern

Inhalt

Vorwort

Naomis Geschichte:
Der Funke, der das Feuer entfachte

Sei aggressiv. Zeig keine Schwäche. Gib nie zu, dass du etwas
nicht weißt, sondern rede einfach irgendetwas, und löse die
Probleme später. Übertreibe bei der Umsatzprognose. Sprich
darüber, wie du deine Konkurrenz ausschalten wirst. Erzähle den potenziellen Investor*innen, dass es bereits andere
Interessent*innen gibt, egal, ob das stimmt oder nicht. Stelle
beide Füße fest auf den Boden, und straffe die Schultern.
Senke deine Stimme.

All diese Ratschläge bekamen meine Mitgründerinnen
und ich zu hören, als wir uns für unsere Firma tbd* auf
Investor*innen-Suche begaben. Es sind gute Tipps. Genau
so muss man es machen, wenn man im Start-up-System
von heute an Kapital kommen will. Teilweise basieren diese
Ratschläge auf unserer menschlichen Konditionierung: Wir
setzen Maskulinität mit Selbstbewusstsein gleich und ver-

wechseln dieses dann mit Kompetenz.[1] Soweit ich es beurteilen kann, funktioniert diese Herangehensweise für ziemlich viele Start-up-Gründer*innen. Aber mich brachte sie zum Nachdenken. Führt nicht genau dieses System, in dem vor allem die extrovertierten, vor Selbstbewusstsein strotzenden Blender*innen erfolgreich sind, zu einer Welt, in der acht Männer genauso viel Vermögen besitzen wie 50 Prozent der Weltbevölkerung?[2] Und will ich ein Teil dieses Wirtschaftssystems sein? Gibt es keinen anderen Weg?

Zugegeben, meine Mitgründerinnen und ich sind vielleicht etwas naiv an die ganze Start-up-Sache herangegangen. 2014 gewannen wir einen Platz in einem Inkubator-Programm zur Förderung von Unternehmensgründungen. Von den insgesamt 20 Teams waren wir das einzige rein weibliche. Außerdem waren wir die einzige Firma mit einer sozialen Mission: Mit tbd*, einer Jobbörse und Online-Community, wollten wir Menschen in Arbeit bringen, die dem Planeten und der Gesellschaft zugutekommt, zu einer Zeit, bevor es so richtig im Trend war. Wir waren Pionierinnen.

Doch ohne es zu merken, verloren wir uns schon bald in den Untiefen des unternehmerischen »Business as usual«. Nach ein paar Monaten begannen wir mit der Suche nach Investor*innen, weil wir dachten, das sei der logische nächste Schritt. Wir wollten Impact-Investor*innen, die unsere sozialen Ziele unterstützen würden, aber von allen Seiten riet man uns, außerdem auch nach klassischen Investor*innen Ausschau zu halten. Und dem Rat folgten wir.

Diese Entscheidung veränderte alles. Dank meiner Privilegien als weiße Europäerin aus der Mittelschicht war die Suche nach Investor*innen tatsächlich das erste Mal, dass ich das Gefühl hatte, mich bewusst für ein Spiel entscheiden zu müssen, das ich eigentlich nicht mitspielen wollte. Doch ich dachte, um eine Finanzierung für tbd* zu bekommen, würde ich die Zähne zusammenbeißen und in die Schlacht ziehen müssen. Mit einem klaren Fokus auf die monetären Ziele und mit wenig Rücksicht darauf, was dies für mich, die eigenen Mitarbeiter*innen, Zulieferer*innen, Konkurrent*innen oder Investor*innen bedeuten könnte.

Ich hatte nie Angst davor, hart zu arbeiten. *Dieses* Spiel spiele ich schon mein ganzes Leben und bin bisher immer ganz gut damit gefahren. Also versuchte ich, mich auch dieses Mal mit harter Arbeit durchzubeißen. Aber irgendetwas sträubte sich in mir, und ich fühlte mich immer unwohler. Jeden Tag gegen meine eigene Intuition ankämpfen zu müssen, war nicht leicht. Trotzdem trafen wir immer neue Investor*innen (es war tatsächlich nur eine Frau dabei) und erzählten ihnen, was sie hören wollten. Ich kam an den Punkt, dass mir vor Meetings regelmäßig übel wurde und ich am liebsten losgeheult hätte. Auf Pitch-Veranstaltungen beobachtete ich die Männer auf dem Podium, die oft vor Selbstbewusstsein nur so strotzten (selbst, wenn sie schlecht vorbereitet waren), und versuchte, sie zu imitieren. Und wenn ich mich einschleimen und das Ego von Investor*innen streicheln musste, machte ich auch das. Ich fühlte mich schrecklich dabei, und es schien noch nicht mal wirklich zu fruchten. Zu unserem ersten Investoren-Meeting hatten wir einen männlichen Angestellten mitgebracht – und der Investor sprach tatsächlich ausschließlich ihn namentlich an und richtete das Wort kein einziges Mal an mich oder meine Mitgründerinnen. Von einem anderen Investor bekamen wir das Feedback, dass wir arrogant wirken würden. Andere gaben uns unterschwellig das Gefühl, nicht ernst genommen zu werden – wir wurden häufiger nach unserer

Freundschaft untereinander als nach unserer Qualifikation gefragt.

Zu guter Letzt bekamen wir unser Kapital von klugen und herzlichen Impact-Investor*innen, die hinter unserer sozialen Mission standen. So konnten wir eine Firma aufbauen und am Laufen halten, die Tausenden Einzelpersonen und Organisationen dabei hilft, die Welt jeden Tag ein bisschen besser zu machen.

Unsere Erfahrungen bei der Kapitalbeschaffung hatten uns jedoch einen Einblick in eine Welt verschafft, mit der wir bis dahin im Grunde nichts zu tun hatten. Durch den Prozess wurde mir zum ersten Mal bewusst, dass die Start-up-Szene meist stereotypes Alpha-Verhalten belohnt, das meiner Meinung nach aus einer Kombination der unangenehmsten menschlichen Eigenschaften besteht. Spürte ich dieses Unbehagen, weil ich eine Frau bin? Bis zu einem gewissen Grad sicherlich. Aber ich kenne auch viele Männer, die diese Investment-Kultur ablehnen. Unsere Erkenntnis, dass wir dieses Spiel nicht länger mitspielen wollten, kam leider spät. Nach der ersten Finanzierungsrunde schwor ich mir und meinen Mitgründerinnen: so nie wieder!

Aber wie finanziert man sein Unternehmen, wenn man den altbekannten Weg nicht gehen will? Und was noch wichtiger ist: Wie baut man eine Firma auf? Die Gründung und Finanzierung meiner Firma war der Anfang eines langen und schmerzhaften Prozesses: Ich erkannte langsam, dass ich unabsichtlich einen Beitrag dazu leistete, ein kaputtes System aufrechtzuerhalten, das viel mehr umfasst als die Beschaffung von finanziellen Mitteln. Denn unsere Wahrnehmung davon, wie man richtig führt und welche Rolle Wachstum spielt, ist durch ein Bild von Erfolg bestimmt, das bisher von einer sehr kleinen, sehr homogenen Gruppe von Menschen geprägt wurde. Dieses Buch zu schreiben, war das letzte Puzzlestück, das mir noch fehlte: Denn endlich lernte ich, wie man es anders machen kann. Ich lernte, wie man eine Revolution startet.

Als das Haus einstürzte

Meine Mitgründerinnen und ich wollten unsere Firma von Anfang an anders führen. Wir wollten menschlich, nahbar und wertschätzend sein. Wir wollten eine Arbeitsumgebung schaffen, in der wir uns wohlfühlten. Wir wollten selbst Spaß bei der Arbeit haben, aber vor allem eine Atmosphäre ermöglichen, in der sich unser Team wohlfühlte. Wir wollten unsere Arbeit gut machen, und mehr als das, wir wollten die Welt verändern (zu niedrig gesteckte Ziele waren noch nie unser Problem). Wir wollten die größte globale Marke für Impact-Berufe werden und dabei finanziell abgesichert sein, ja vielleicht sogar in Wohlstand leben. Das alles wollten wir erreichen, ohne Kompromisse einzugehen und ohne unsere Integrität zu gefährden. Wir wollten unsere Konkurrenz nicht ausschalten, sondern mit ihr zusammenarbeiten. Wir wollten nicht ausschließlich gewinnorientiert arbeiten. Wir wollten unsere Mitarbeiter*innen nicht unter Druck setzen. Wir haben Millionen Menschen erreicht, Preise gewonnen, Keynote-Vorträge gehalten und Interviews gegeben. Und trotzdem haben wir genau das gemacht, was wir eigentlich nicht wollten: Wir haben uns so sehr unter Druck gesetzt, dass wir fast daran zerbrochen sind. In den letzten Jahren hatten meine beiden Mitgründerinnen Burn-outs. Auch im restlichen Team kriselte es immer wieder, was dazu führte, dass wir ein paar großartige Leute verloren.

Aber diese Krisenmomente waren nur die Spitze des Eisbergs. Wir hatten uns zwar vorgenommen, alles anders zu machen – aber als wir uns umschauten, wurde uns klar, dass wir weiterhin Gefangene des Systems waren. Wir waren bestimmt keine Tyrannen und behandelten unsere Angestellten respektvoll, ließen ihnen eine Menge Freiheit, waren freundlich und versuchten, die Chefinnen zu sein, die wir selbst gerne gehabt hätten. Doch wir arbeiteten bis zur Erschöpfung, weil wir ihnen ein »gutes Beispiel« sein wollten, und das spiegelte auch unsere Erwartungen an das Team wider. Vor allem ich hatte verinnerlicht, dass allein Stress und Druck zu produktiver Arbeit führen können, und gab diese Einstellung – bewusst wie unbewusst – an unsere Mitarbeiter*innen weiter. Einige begannen, uns zu abzulehnen. Schlecht über uns zu sprechen. Obwohl wir »nette Chefinnen« waren, hatten wir es irgendwie geschafft, die Arbeitsatmosphäre zu vergiften und dadurch auch unseren eigenen Alltag unangenehm und belastend zu machen. Warum war es uns nicht möglich gewesen, die Arbeitsumgebung so zu gestalten, wie wir es uns vorgenommen hatten?

Weil wir nicht wussten, wie man die Dinge anders macht. Und ich meine nicht ein bisschen anders. Ich meine radikal anders. Uns fehlten Vorbilder, und im Alltagsgeschäft unserer kleinen, ehrgeizigen Firma waren wir in alte Gewohnheiten verfallen, die wir in früheren Jobs verinnerlicht hatten und die in der uns umgebenden Start-up-Kultur gefeiert wurden.

Eines Abends, eine besonders anstrengende Arbeitsphase lag gerade hinter mir, verließ ich tränenüberströmt mein Büro. Schon wieder gab es Probleme mit einer Mitarbeiterin, und ich wusste nicht weiter. Ich rief Lisa an und sagte ihr, dass ich alles hinschmeißen wolle (nicht zum ersten Mal). Sie kam vorbei und setzte sich zu mir aufs Sofa, hörte mir wie schon so oft mit viel Mitgefühl zu und sagte mir dann so bestimmt, wie es nur eine Deutsche kann, dass ich endlich etwas ändern müsse. Es könne doch nicht sein, dass ich den Job in meiner eigenen Firma nicht wirklich möge. »Arbeit muss nicht hart sein, und man muss sich nicht schlecht dabei fühlen«, sagte sie. »Wenn es sich falsch anfühlt, dann mach es eben anders.«

»Ich weiß nicht, ob das geht«, antwortete ich.

»Lass es uns versuchen«, sagte Lisa.

Und so begann unsere Revolution.

Lisas Geschichte: Der Geruch von Büroteppich

Arbeiten hat mir eigentlich nie wirklich Spaß gemacht, trotzdem war ich objektiv betrachtet »erfolgreich«. Ich arbeitete für renommierte Firmen und Organisationen, meine Projekte liefen gut. Meist stand ich, gemeinsam mit motivierten Kolleg*innen, im Dienst einer guten Sache. Die Arbeitsatmosphäre war freundlich, die Hierarchien waren flach,

Diversität wurde großgeschrieben – obwohl die Geschäfts-
leitungen hauptsächlich männlich waren. Ich weiß, ich hätte
mich mit diesen Jobs auch glücklich schätzen können.

Dennoch wurde ich das Gefühl nicht los, an einen Ort
gefesselt zu sein, an dem ich eigentlich nicht sein wollte.
Noch heute habe ich den Geruch des Büroteppichs in der
Nase, der meine Stimmung jeden Morgen verdüsterte, sobald
ich das Büro betrat. Rückblickend gab es ein paar Schlüssel-
momente, in denen sich mein Unbehagen immer mehr
steigerte. Ich weiß noch, wie ich in einem wichtigen Meeting
einige Ideen präsentierte, mit denen sich die Zusammenarbeit zwischen den Abteilungen verbessern lassen könnte.
Fast sofort schnitt mir eine Abteilungsleiterin das Wort ab.
Sie sagte, meine Ideen interessierten sie nicht, da mir ganz
offensichtlich die nötige Expertise fehle. Vielleicht wirkte ich
damals jung und unerfahren auf sie, wie eine naive Besser-
wisserin. Ich wollte mit meinen Vorschlägen aber einfach nur
etwas Gutes erreichen, ohne irgendwelche Hintergedanken.
Der Führungsstil dieser Abteilungsleiterin war schwierig –
möglicherweise, weil sie selbst nie gelernt hat, dass Führung
auch anders funktionieren kann.

Nach und nach wurde mir klar, dass ich zwar zu Hause
ich selbst sein konnte, bei der Arbeit aber andere Regeln
galten, denen ich folgen musste. Ich beobachtete, wie meine
Kolleg*innen sich verhielten, und passte mich an. Ich lernte,
meine Meinung für mich zu behalten, dem vorgegebenen
Weg zu folgen und sogar Wissen zurückzuhalten, um es
im richtigen Moment einzusetzen und damit zu glänzen.
Ich akzeptierte, dass Entscheidungen, die direkten Einfluss
auf meine Arbeit hatten, oft von anderen getroffen wurden
und mein Einfluss drauf begrenzt war. Und obwohl alle
immer sagten, dass nur die Ergebnisse zählten, galten die am

längsten im Büro sitzenden Kolleg*innen als die fleißigsten. Außerdem stellte ich fest, dass es nicht gern gesehen war, wenn jemand bei der Arbeit »emotional« wurde, Gefühle wie Enttäuschung, Zweifel, Trauer, aber auch Euphorie und Begeisterung wirkten fehl am Platz. Man durfte »überrascht« oder »verwundert«, vielleicht sogar mal »irritiert« sein, aber das war's dann auch.

Um mich diesen Regeln anzupassen, musste ich einen Teil dessen, was mich als Person ausmacht, zu Hause lassen. Ich teilte meine Identität in mein »Arbeits-Ich« und mein »Privat-Ich«, was dazu führte, dass ich mich bei der Arbeit nie als ganzer Mensch fühlte, egal, wie erfolgreich ich war. Ich war überzeugt davon, dass etwas mit mir nicht stimmte. War ich wirklich so unprofessionell, so unreif, so unsicher und so übertrieben emotional? Ich war nie besonders selbstbewusst gewesen, und diese ständigen Selbstzweifel machten mich noch unsicherer. Außerdem war es nicht leicht, ständig zwischen den beiden Persönlichkeiten hin und her zu wechseln. Je dominanter mein »Arbeits-Ich« wurde, desto mehr litt mein »Privat-Ich«. Mein Erfolg im Job wuchs, aber privat wurde ich immer unglücklicher.

Irgendetwas war ganz und gar nicht in Ordnung, also suchte ich mir Hilfe und begann eine Therapie. Langsam verstand ich, dass das Gefühl, bei der Arbeit nicht dazuzugehören, nicht bedeutete, versagt zu haben – vielleicht war dieses Gefühl berechtigt und wichtig. Ich lernte, dass ich zu streng und kritisch mit mir war und dass es kein Zeichen von Stärke ist, in einem Job zu bleiben, der mir keinen Spaß machte. Voller Zuversicht kündigte ich schließlich und gründete im August 2013 meine eigene Firma, das Fair-Fashion-Label Folkdays. Ich war beflügelt von der Vorstellung, endlich eine Arbeit zu haben, die mich erfüllt und glücklich macht.

Mein selbst gebautes Gefängnis

Ich fand es großartig, meine eigene Chefin zu sein und mich nicht nach Strukturen und Regeln richten zu müssen, die andere mir aufzwangen. Jetzt hatte ich die Freiheit, kreativ zu sein und so zu arbeiten, wie es meinen Werten entsprach. Mein neuer Alltag machte mir Spaß, war abwechslungsreich und zutiefst erfüllend. Bald verzeichnete die Firma erste Erfolge, was sehr aufregend war. Doch mit meinen ersten Mitarbeiter*innen rutschte ich langsam in alte Verhaltensmuster zurück. Ich setzte mich selbst unter enormen Druck, und sosehr ich mich auch anstrengte, ich hatte das Gefühl, meinen eigenen Erwartungen nie gerecht zu werden. All die unguten Verhaltensweisen, die ich in meinen vorherigen Jobs verinnerlicht hatte, gab ich fast ungefiltert ins Unternehmen weiter. Auch mit meinen Mitarbeiter*innen war ich streng. Obwohl sie großartige Arbeit leisteten und enorm engagiert waren, äußerte ich Kritik häufiger als Lob. Schlichtweg deshalb, weil ich das für normales Chef*innen-Verhalten hielt.

Dies ging ungefähr zweieinhalb Jahre lang so, bis ich mit einer engen Mitarbeiterin extrem aneinandergeriet. Sie sagte, für mich zu arbeiten, mache sie unglücklich, und sie fühle sich nicht wertgeschätzt. Ich war geschockt. Während dieser sehr emotionalen Auseinandersetzung wurde mir bewusst, dass ich keinesfalls die Chefin war, die ich eigentlich hatte sein wollen. Der Konflikt führte zu einem ziemlich schmerzhaften Feedback-Prozess: Mein »Arbeits-Ich« war, so musste ich feststellen, ziemlich unbeliebt, ich war weder eine positive noch eine effektive Führungspersönlichkeit. Wieder einmal musste ich mir eingestehen, dass ich in meinem Job nicht glücklich war. Sogar in meiner eigenen Firma hatte ich das Gefühl, nicht ich selbst sein zu können! Ich fühlte mich einsam, traurig und gefangen. Aber diesmal hatte ich mir mein Gefängnis selbst gebaut und wusste einfach nicht, wie ich mich daraus befreien sollte.

Wie ich ausbrach

In dieser schwierigen Phase hatte es auch mein »Privat-Ich« nicht leicht. Ich erlitt eine Fehlgeburt, was mich kurzzeitig völlig aus der Bahn warf. Ich versuchte mich abzulenken, um der Traurigkeit nicht zu viel Raum zu geben, und wurde glücklicherweise recht schnell wieder schwanger. Ich erwartete die üblichen Begleiterscheinungen wie Morgenübelkeit, Stimmungsschwankungen, geschwollene Füße und den ganzen Rest, war aber völlig unvorbereitet darauf, wie sehr das in mir heranwachsende Baby meine Einstellung zu mir selbst veränderte. Um dieses Kind beschützen, lieben und umsorgen zu können, musste ich mich selbst beschützen, lieben und umsorgen. Ich hörte auf, bis spät in die Nacht zu arbeiten. Wenn ich schlecht schlief, gönnte ich mir am nächsten Tag ein Nickerchen. Ich hetzte nicht mehr von Termin zu Termin, sondern nahm mir Zeit und versuchte, meine Tage bewusst zu entschleunigen. Und seltsamerweise war ich, obwohl ich weniger Zeit im Büro verbrachte, produktiver als jemals zuvor. Außerdem hatte ich auf diese Weise viel mehr Spaß an der Arbeit, was natürlich auch auf meine Mitarbeiter*innen abfärbte.

Mir war klar, dass ich nach der Geburt Arbeit und Privatleben irgendwie unter einen Hut bekommen musste, was dazu führte, dass die Trennlinie zwischen meinem »Arbeits-Ich« und meinem »Privat-Ich« zu verschwinden begann.

Ich öffnete mich einer neuen Art von Beziehung zwischen mir und meinen Mitarbeiter*innen: Freundschaft. Heute ist mein Arbeitsplatz mein zweites Zuhause, und ich liebe meinen Job. Meinen Mitarbeiter*innen gegenüber fühle ich Freundschaft und Verbundenheit. Jede Minute, die wir miteinander verbringen, empfinde ich als Bereicherung.

Als Naomi mir an jenem Abend auf dem Sofa sitzend gestand, dass sie am liebsten alles hinschmeißen würde, verstand ich ihren Schmerz und ihre Enttäuschung sehr gut. Ich wusste aber auch, dass ich es irgendwie geschafft hatte, mich von diesen Gefühlen zu befreien, und dass ich endlich Licht am Ende des Tunnels sah. Nur wusste ich nicht so recht, wie ich dort hingekommen war und was ich Naomi raten sollte.

Eins war klar: Die meisten Tipps, die wir bisher von anderen Gründer*innen bekommen hatten, brachten uns nicht wirklich weiter. Also machten wir uns auf die Suche nach anderen Perspektiven. Und so entdeckten wir die unglaublichen Frauen, ohne die dieses Buch nicht entstanden wäre.

Kapitel 1

Das Ende der (Arbeits)welt, wie wir sie kennen

Die Welt der Arbeit ändert sich gerade in einem nie da gewesenen Ausmaß, befeuert durch rasanten technologischen Fortschritt, die Globalisierung – und auch noch ganz nebenbei eine Pandemie. Es ist beinahe unmöglich, Schritt zu halten.

Wie wäre es, wenn wir es deshalb gar nicht erst versuchen?

Dieses Buch will dir nicht beibringen, wie du schneller rennen, größer wachsen und weiter springen kannst – koste es, was es wolle. Falls es das ist, was du suchst, gibt es ungefähr eine Trillion Business-Bücher, die genau das zum Thema haben. Viel Glück!

Unser Buch soll dir helfen, vom fahrenden Zug abzuspringen. Jedenfalls für eine Weile. Dir dabei helfen, dir das notwendige Wissen anzueignen, das du brauchst, um die Gleise neu zu verlegen. Damit du, wenn du wieder aufspringst, in eine neue Richtung fahren kannst.

Seit wir vor mehr als sechs Jahren unsere eigenen Firmen gründeten, ist uns klar geworden, dass die üblichen Management-Werkzeuge nicht besonders gut funktionieren. Obwohl wir beide versuchten, die Dinge anders zu machen, scheiterten wir zunächst. Die antrainierten Pseudo-Weisheiten darüber, was es braucht, um eine erfolgreiche Firma aufzubauen, übten weiterhin enormen Einfluss auf uns aus – sowohl bewusst als auch unbewusst.

Ein extremes, aber sehr anschauliches Beispiel für alles, was im Start-up-System falsch läuft, ist Uber. Im ersten Quartal 2019 verzeichnete die Firma Verluste in Höhe von mehr als einer Milliarde US-Dollar – und dies gilt als eines der »erfolgreichsten« Quartale seit der Gründung 2009.[3] Das Unternehmen ist immer noch sehr weit davon entfernt, profitabel zu sein. Risikokapitalanleger*innen haben in den vergangenen zehn Jahren Milliarden von Dollars in die Firma gepumpt und es so ermöglicht, Preise zu drücken und viele lokale Taxi-Unternehmen aus dem Markt zu drängen. Unter der Leitung des Firmengründers Travis Kalanick wurde die Firma von Skandalen erschüttert, die auf eine sexistische und hochtoxische Arbeitskultur hindeuteten.[4] Außerdem wurde Uber von Google verklagt, weil die Firma angeblich dessen Technologie gestohlen hat.[5] Auch Uber-Fahrer*innen sind bereits mehrfach wegen untragbarer Arbeitsbedingungen vor Gericht gezogen, es kam zu einem Vergleich in Höhe von 20 Millionen US-Dollar.[6] 2016 gab es in den USA auf Bundesebene mehr als 70 laufende Verfahren gegen die Firma, dazu viele weitere in einzelnen Bundesstaaten und vor Gerichten anderer Länder.[7] Aus diesen und vielen anderen Gründen löste der Vorstand Kalanick 2017 ab, ein Exodus wichtiger Vorstandsmitglieder und anderer Führungskräfte folgte. Trotz alledem ist Uber weiterhin eine der kapitalstärksten und wertvollsten Firmen aller Zeiten.[8]

Die heutige Start-up-Welt belohnt Alpha-Verhalten. Alpha-Führungskräfte folgen einer Ideologie, die nicht Kooperation belohnt, sondern Wettbewerb, einen Top-down-Führungs-

stil, Homogenität, aggressiven Ehrgeiz und Wachstum
um jeden Preis. Diese Arbeitsweise ist ganz offensichtlich
toxisch, nicht bloß für die Manager*innen selbst, sondern
auch für ihre Angestellten, ihre Unternehmen, die Wirtschaft und den Rest der Welt.

Natürlich waren unsere Erfahrungen bei der Gründung
und Etablierung unserer Firmen keineswegs so extrem wie
bei Uber. Doch die dort wirkenden Systeme und Strukturen sind dieselben Systeme und Strukturen, in denen wir
sozialisiert wurden und in denen die meisten Firmen und
Menschen operieren. Wir hatten versucht, neue Wege einzuschlagen, und ertappten uns dennoch in alten Mustern,
egal, ob es darum ging, Menschen zu führen, Wachstum zu
fördern oder Investoren zu finden. Und natürlich fragten wir
uns immer wieder, ob es vielleicht einfach so ist, wie es ist,
und wir uns damit abfinden müssen, dass die Wirtschaft und
das Arbeitsleben so und nicht anders funktionieren. Und fast
hätten wir aufgegeben.

Unternehmer*innen sind von Natur aus disruptiv. Man
gründet nur, wenn man sieht, wie etwas besser funktionieren kann als bisher. Unternehmertum ist gleichbedeutend
mit der Entwicklung innovativer Produkte und Dienstleistungen. Wie ironisch ist es dann, dass dies für die Arbeitskultur und Unternehmensstruktur nicht zu gelten scheint.
Zu diesem Thema hinken sogar die hippsten Start-up-
Gründer*innen hinterher – ganz gleich, wie groß sie sich
Spaß! Nachhaltigkeit! und Disruption! auf die Fahne schreiben.

Es war die Autobiografie von Stephanie Shirley,[9] die uns
begreifen ließ, was Unangepasstheit und Innovation in der
Wirtschaft wirklich bedeuten. Und dass der Business-Main-

stream bedeutende Vorbilder und sinnvolle Werkzeuge für ein besseres Arbeitsleben oft einfach ignoriert.

Möglicherweise ist dir Stephanie Shirley kein Begriff – so ging es uns zumindest, bis Naomi zufällig ihre Autobiografie von ihren Eltern geschenkt bekam. Stephanie ist eine 86-jährige Britin, die als Kind ihre deutsche Heimat verlassen musste, um der Verfolgung durch die Nazis zu entgehen. Heute gehört sie zu den mutigsten und fähigsten Unternehmer*innen der Welt. Als Software-Entwicklerin gründete sie in den 1960ern mit einem Startkapital von sechs Pfund ein »Tech-Start-up«. Auf dem Gipfel ihres Erfolgs hatte ihre Firma Freelance Programmers einen Marktwert von 2,8 Milliarden Pfund und einen jährlichen Umsatz von mehr als 400 Millionen Pfund. Und doch betrug Stephanies Anteil an ihrer Firma im Jahr 2007 lediglich fünf Prozent. Nicht weil sie all ihre Anteile an Investor*innen verkauft hatte, sondern weil sie den größten Teil ihrer Aktien ihren Angestellten geschenkt oder zu extrem niedriger Bewertung überlassen hatte. Gegen den Willen ihres Vorstands und der externen Investor*innen hatte sie somit zur damaligen Zeit etwas fast Beispielloses geschafft, weil sie fest daran glaubte, dass die in einem Unternehmen tätigen Menschen nicht nur an den Gewinnen, sondern auch an der Entscheidungsfindung beteiligt werden sollten. Sie war sich sicher, dass dies ihre Angestellten zusätzlich motivieren und die Firma erfolgreicher machen würde (womit sie recht hatte!). Außerdem war sie überzeugt, dass eine Beteiligung ihrer Mitarbeiter*innen dafür sorgen würde, dass die Mission und Werte ihres Unternehmens erhalten blieben. Als sie die Firma zum Ende ihrer Laufbahn verließ, hielten ihre Angestellten 62 Prozent der Firmenanteile.

Stephanies unkonventionelle Herangehensweise

bestimmte von Beginn an das komplette Business-Modell. In den ersten fünfzehn Jahren der Firmengeschichte (bis Gleichberechtigungsgesetze dies verboten) stellte Freelance Programmers nur Menschen ein, die damals vom Erwerbsleben oft ausgeschlossen waren, wie zum Beispiel Mütter und Menschen mit Behinderungen. Alle Teammitglieder arbeiteten von Anfang an flexibel und von zu Hause aus, Jobsharing war üblich. Die programmierten Codes wurden per Post eingeschickt, die Kommunikation lief hauptsächlich übers Telefon. Und es funktionierte. Das Team von Freelance Programmers codierte die Black Box der Concorde und entwickelte neue Technologien für viele der größten Firmen Großbritanniens. Es war nicht immer einfach, aber im Endeffekt eine Win-win-win-Situation.

Diese unkonventionelle Arbeitsweise eröffnete ihrem Unternehmen den einzigartigen Zugang zu qualifizierten Mitarbeiter*innen. Und ihre Angestellten konnten ihre Fähigkeiten gewinnbringend einsetzen, waren finanziell unabhängig. Während Stephanie Freelance Programmers leitete, kümmerte sie sich zudem um ihren autistischen Sohn und setzte sich, nachdem dieser mit nur 35 Jahren starb, für die Autismusforschung und bessere Pflegeeinrichtungen ein.

Und dennoch: Fragt man heute junge Menschen nach bekannten Unternehmer*innen in der Tech-Branche (wie wir es getan haben), hört man nur Namen wie Mark Zuckerberg, Bill Gates und – wenn man richtig Pech hat – Travis Kalanick. Ein Blick in unsere Bücherregale ergab leider auch nicht mehr Diversität – genauso wenig wie die Amazon-Bestsellerliste im Bereich Business und Unternehmensgründung. Tatsächlich wurden nur fünf der 50 dort aufgeführten Business-Ratgeber von Frauen geschrieben. Und was noch schlimmer ist:

in diesen Büchern geht es zu oft darum, wie wir Frauen uns erfolgreicher dem bestehenden System anpassen, und nicht darum, wie wir das bestehende System verändern können.

Unsere (kleine) Revolution beginnt

»Es reicht«, beschlossen wir. »Lass uns mit Stephanie sprechen. Und andere inspirierende Unternehmerinnen finden. Lass uns aus ihren Erfahrungen schöpfen, von ihren Fehlern und Erfolgen lernen und die Erkenntnisse mit der Welt teilen.« Mit ihrer Hilfe wollten wir Erfolg neu definieren und andere Wege finden, ihn zu erreichen. Im Grunde genommen wollten wir dem System einen kräftigen Tritt in den Hintern verpassen und Unternehmer*innen und Wirtschaftsbosse aller Geschlechter einladen, dabei mitzumachen. Was wir herausfanden, war überwältigend. Die Geschichten dieser Frauen waren faszinierend. Sieben von ihnen werden wir in Kapitel 2 vorstellen, bevor wir in die wichtigsten Erkenntnisse einsteigen. Besonders überraschend waren die Gemeinsamkeiten, die all ihre Geschichten aufwiesen. Jede dieser Frauen betonte, wie wichtig es für gute Führung ist, sich selbst kennen- und schätzen zu lernen, und welche zentrale Rolle Coaching und Therapie dabei spielen können. Denn nur wenn wir lernen, uns selbst zu führen, mit allen Stärken und Schwächen, können wir es schaffen, eine authentische Führungspersönlichkeit zu werden, die sich nicht auf überkommenen Rollenvorstellungen ausruhen muss. Darüber berichten wir in Kapitel 3. In Kapitel 4 diskutieren wir, wie ein alternativer Führungsstil Organisationsstrukturen beeinflusst. Dafür beleuchten wir selbst organisierte Firmen, visionäre Führungsstile und

die Frage, ob man mit Homeoffice und Verantwortungseigentum qualifizierte Mitarbeiter*innen anziehen kann.
Dies führt uns in Kapitel 5 zum Thema Arbeitskultur. Hier
zeigen wir, dass Emotionen und Verwundbarkeit, ehrliches
Feedback und an Stärken orientiertes Management wichtiger sind als Business-Strategien. In Kapitel 6 überprüfen
wir, ob und wie diese Werkzeuge im Einstellungsprozess
angewendet werden können, und in Kapitel 7 betrachten wir
unterschiedliche Wachstumsansätze, zum Beispiel Wachstum durch Kapital, Wachstum durch Marketing, Wachstum
durch Innovation und schließlich persönliches Wachstum.
Ansätze, die alle auf einer Prämisse beruhen: unseren Werten
treu zu bleiben. In Kapitel 8 führen wir alle Fäden zusammen
und überlegen, was diese Erkenntnisse für den Kapitalismus
als Ganzes bedeuten könnten.

Wir sind überzeugt, dass die Revolutionärinnen in
diesem Buch, zusammen mit vielen anderen Frauen und
Männern dort draußen, den Schlüssel für eine grundlegende
Transformation unserer Gesellschaft in der Hand halten.

Weil es unglaublich viele inspirierende Frauen in der
Geschäftswelt gibt, sowohl in der gegenwärtigen als auch in
der vergangenen (man muss nur ein wenig suchen, um sie zu
finden), brauchten wir Auswahlkriterien. Meist aber war es
so: Wenn wir auf eine Unternehmerin stießen und unseren
Ohren kaum trauten, dann wussten wir, dass diese Person in
unser Buch gehörte. Wir wollten mit Frauen sprechen, die
ganz öffentlich oder auch im Stillen revolutionär sind. Ob in
der Strukturierung ihrer Firmen, bei ihrem Finanzierungs-
ansatz oder ihrer Einstellung zur Teambildung. Immer wenn
wir von Geschäftsmodellen und Ansätzen hörten, die unmöglich klangen, wollten wir mehr erfahren. Außerdem beschlossen wir, nur auf Frauen zuzugehen, deren Firmen seit

mindestens vier Jahren existierten – was genug Zeit ist, um Erfahrungen zu sammeln, Fehler zu machen und aus ihnen zu lernen. Wir wollten möglichst viele unterschiedliche Perspektiven sammeln, uns aber auch nicht verzetteln und mehr versprechen, als wir einhalten konnten. Wir haben natürlich mit mehr Frauen gesprochen, als in Kapitel 2 vorgestellt werden. Viele unserer Erkenntnisse gehen auf weitere Gespräche zurück, und wir sind all den wunderbaren Frauen für ihre Mitwirkung dankbar.

Wir sind uns voll und ganz der Tatsache bewusst, dass unsere Erfahrungen als Unternehmerinnen von einer Menge Faktoren beeinflusst wurden. Unserem Alter, wo wir leben, unserer Hautfarbe, unserer Ausbildung, unserem Zugang zu Technologien und vielem mehr. All dies hat die Realität geformt, in der wir leben. Wir können kein Buch schreiben – und würden uns das auch niemals anmaßen –, das für alle Länder und Kulturen gilt. Deshalb entstammen auch die Frauen in diesem Buch Lebenswirklichkeiten, die uns mehr oder weniger vertraut sind. Wir haben eigene Erlebnisse, Erkenntnisse und Erfahrungen einfließen lassen, ebenso wie ergänzende Informationen über einige Schlüsselkonzepte und Ideen, die uns besonders gut gefallen. Diese kurzen Exkurse haben wir mit »Kurz und gut« überschrieben. Vielleicht ist das ein oder andere Thema dabei, mit dem du dich auf eigene Faust tiefer auseinandersetzen willst. Denn wir hoffen, dass du dieses Buch nicht nur als praktisch, sondern auch als inspirierend empfindest – als eine Art nützliches Manifest für angehende Business-Revolutionär*innen.

Kapitel 2

Die Revolutionärinnen

Vivienne L'Ecuyer Ming

Vivienne war die Erste der von uns interviewten Revolutionärinnen und haute uns direkt aus den Socken. Vivienne ist eine echte Ausnahmeerscheinung. Wir haben sie bei einer Konferenz in Oxford kennengelernt, und was sie erreicht hat, beeindruckte uns sehr: wie aufrichtig sie über die dunkelsten Kapitel ihres Lebens sprach; wie sie es schaffte, diese Erfahrungen in tiefes Mitgefühl für andere zu verwandeln; und wie entschlossen sie für ihre humanistischen Ideale einstand, während sie sich im Silicon Valley einen Namen machte. Für uns war von Anfang an klar, dass wir ihre Geschichte erzählen wollten.

Vivienne begann ihr Leben als Evan Smith und hat in Theoretischen Neurowissenschaften und Psychologie promoviert, bevor sie mehrere Firmen und Initiativen im

Bereich der Künstlichen Intelligenz (KI) gründete. Aber der Erfolg fiel ihr nicht einfach in den Schoß. Ihr erstes Studium brach sie ab, sie wurde obdachlos und lebte eine Zeit lang in ihrem Auto. Sie war depressiv und suizidgefährdet. Sie erinnert sich sehr genau an den Moment, als sie sich zwischen Leben und Tod entscheiden musste. Sie entschied sich für das Leben und beschloss, ihr Können und ihre Fähigkeiten dazu einzusetzen, die Welt zu einem besseren Ort zu machen. Seither widmet sie sich dem, was sie »Maximierung des menschlichen Potenzials« nennt. Vivienne ging zurück an die Uni und machte schon ein Jahr später ihren Abschluss in Kognitionswissenschaften. Eine Promotion folgte, heute gilt sie als eine der führenden KI-Expert*innen. Dennoch hat sie Führungspositionen in einigen der bekanntesten Unternehmen San Franciscos (darunter Uber und Amazon) abgelehnt, weil diese schlicht nicht in ihr Wertesystem passten. Vivienne hat mehrere Firmen und Initiativen im Bereich Gesundheits- und Bildungstechnik mitbegründet. Ihre aktuelle Firma Socos berät Unternehmen in den Gebieten KI, Neurowissenschaften und Bildung. Eins ihrer Produkte ist die App »Muse«, eine Art virtueller Erziehungshelfer mit per Algorithmus vorgeschlagenen Spiel- und Erziehungsansätzen. Die empfohlenen Aktivitäten fördern Kreativität, Motivation und emotionale Intelligenz von Kindern. Viviennes Forschung belegt, dass psychologische Konzepte wie Metakognition, sozio-emotionale Kompetenz, Kreativität und Neugier sich entscheidend und langfristig auf die Gesundheit, Produktivität, Wissensaneignung und Lebenszufriedenheit des Menschen auswirken. Sie ist Vorstandsmitglied bei mehreren Unternehmen, Forschungsinstituten und Investment-Fonds.

Im Laufe ihrer beeindruckenden Karriere hat Vivienne an zahlreichen Forschungsprojekten mitgewirkt, von denen eines ihr besonders am Herzen lag. Als bei ihrem Sohn Diabetes diagnostiziert wurde, war sie frustriert davon, dass es nur wenige Behandlungsmöglichkeiten gab. Sie entwarf ein Vorhersagemodell, um den Blutzuckerspiegel genauer überwachen zu können, und entwickelte ein ähnliches Modell für bipolare Störungen, mit dem sich manische Episoden besser vorhersagen lassen. In beiden Fällen gab sie die Technologie zur allgemeinen Nutzung frei, anstatt sie zu verkaufen oder patentieren zu lassen.

Vivienne und ihre Frau Norma, ebenfalls promovierte Wissenschaftlerin, haben noch ein zweites Kind und leben im kalifornischen Berkeley. Kurz nach ihrer Heirat unterzog sich Vivienne einer Geschlechtsanpassung, zuerst therapeutisch, dann operativ. Ihre Einsichten basieren also nicht allein auf ihrer enzyklopädischen Kenntnis der Humanwissenschaften, sondern auch auf der ziemlich außergewöhnlichen Erfahrung, sowohl als Mann als auch als Frau gelebt und Unternehmen gegründet zu haben. Über Vivienne hätten wir gut und gern ein eigenes Buch schreiben können.

Stephanie (Steve) Shirley

Stephanie und ihre unglaubliche Lebensgeschichte haben wir bereits erwähnt. Vor ein paar Jahren lasen wir ihre Autobiografie, und seither geht sie uns nicht mehr aus dem Kopf – jedem nur möglichen Gesprächspartner erzählen wir von ihr. Auf uns unerfahrene und überforderte Jungunternehmerinnen machte ihr Buch damals einen ungeheuren Eindruck. Sie war eine echte Inspiration, wofür wir immer dankbar sein werden.

Stephanie entkam dem Holocaust als eins der 10 000 jüdischen Kinder, die Kontinentaleuropa mit dem sogenannten Kindertransport verließen und in Großbritannien aufgenommen wurden. Aus diesen frühen Erfahrungen rührt ihre unerschütterliche Entschlossenheit, ein erfülltes Leben zu führen, das Spuren hinterlässt. Und das tat sie auch – auf die beeindruckendste Art, die man sich vorstellen kann: Sie gründete eine Software-Firma, und zwar in den 1960er-Jahren, einer Zeit, in der Sexismus (nicht nur) am Arbeitsplatz die Regel war und Frauen, sobald sie heirateten und Kinder bekamen, nicht mehr arbeiten konnten. Stephanie ließ sich davon nicht beirren. Ihr Start-up wurde ein riesiger Erfolg, der allen anderen Frauen in diesem Buch den Weg ebnete. Erstaunlicherweise ist sie trotz ihrer Verdienste fast vollständig unbekannt.

Wir nennen sie in diesem Buch zwar Stephanie, aber sie selbst stellte sich uns als Steve vor. Diesen Namen benutzt sie, seitdem ihr klar wurde, dass niemand auf ihre Geschäftsbriefe antwortete, wenn sie mit Stephanie unterzeichnete. Stephanies Geschichte brachte uns dazu, dieses Buch zu schreiben, und wenn wir damit nur erreichen, dass mehr Menschen sie kennenlernen, würde uns das bereits vollkommen glücklich machen.

Ida Tin

Ida Tin ist Mitgründerin und Geschäftsführerin von Clue. Zufällig nutzten wir diese Menstruations-App schon, bevor wir herausfanden, dass sie von einer sehr inspirierenden dänischen Unternehmerin entwickelt und aufgebaut wurde. Erst als wir Idas Vortrag beim Tech Open Air in Berlin hörten und eifrig jedes ihrer Worte mitschrieben, erkannten wir in ihr eine spannende Kandidatin für unser Buch. Auf der Bühne strahlte Ida eine Gelassenheit, Bescheidenheit und Nachdenklichkeit aus, die man bei Start-up-Konferenzen nur selten erlebt. Während unserer Gespräche vertiefte sich der Eindruck, dass sie eine ruhige und extrem reflektierte Person ist, die alle Antworten sorgfältig durchdenkt. Uns beeindruckte außerdem die Offenheit, mit der sie über ihre Schwierigkeiten sprach, eine Firma aufzubauen, die so viele Kundinnen wie möglich erreicht und dennoch Grundwerte wie Nachhaltigkeit, Empathie und Gemeinschaft beibehält.

Clue hilft Menstruierenden dabei, den eigenen Zyklus (und Körper) besser kennenzulernen und nachverfolgen zu können. Die App hat mehr als zwölf Millionen Nutzerinnen in mehr als 190 Ländern. Die Firma hinter Clue war eine der ersten Tech-Firmen auf dem Gebiet der Frauengesundheit – damit hat Ida den Begriff »Femtech« entscheidend geprägt. 2016 erhielt das Unternehmen 20 Millionen Euro Risikokapital, was Ida zu einer der kapitalstärksten Unternehmerinnen in Deutschland macht. Sie bekam diese Finanzierung, obwohl sie sich öffentlich dazu bekannt hat, niemals personenbezogene Daten der Nutzerinnen für kommerzielle Zwecke zu verkaufen. Ein sehr ungewöhnlicher Schritt in der Start-up-Welt, in der die meisten Geschäftsmodelle auf dem Verkauf oder der nicht-transparenten Nutzung von Kundendaten basieren.

Idas Business-Verständnis hat viel mit ihrer Ausbildung bei Kaospilot in Dänemark zu tun, einem mehrfach ausgezeichneten Hybrid aus Business- und Design-Akademie. Die Kaospilot-Ausbildung hat Wurzeln in der Aktivistenkultur und lehnt alles ab, was nach »Business as usual« klingt. Die Schule wurde gegründet, um der sich verändernden Realität des späten 20. Jahrhunderts und der wachsenden Nachfrage nach neuen Ausbildungswegen gerecht zu werden. Bevor Ida Clue ins Leben rief, betreute sie Motorradtouren auf der ganzen Welt und schrieb danach ein Buch darüber. »Direktøs« wurde in Dänemark ein Bestseller. Idas Führungsstil ist zweifellos unkonventionell. Genau wie sie selbst.

Catherine Mahugu

Vor zwei Jahren lernten wir bei einer Dinnerparty für soziale Start-up-Unternehmer*innen eine Unternehmerin aus Uganda kennen, die uns von ihrer kenianischen Freundin Catherine erzählte. Sie beschrieb sie als »die beste Verkäuferin, die ihr jemals treffen werdet«.

Catherine hatte ein Schmuck-Start-up namens SOKO gegründet, das bereits zu Beginn Hunderten Kunsthandwerker*innen aus Nairobis Slum Kibera ermöglicht, ein Einkommen zu generieren. Wenn Catherine beruflich unterwegs ist, nimmt sie immer Lieblingsstücke aus der SOKO-Kollektion mit – und verkauft in der Regel jedes einzelne Teil. Wir kontaktierten Catherine und stellten fest, dass sie nicht nur eine beeindruckende Verkäuferin, sondern auch eine exzellente Softwareentwicklerin ist und zu den führenden Sozialunternehmer*innen auf dem afrikanischen Kontinent zählt. Durch ihre Firma hat Catherine mehreren Hundert Kunsthandwerker*innen in Kibera Zugang zu Technologie und internationalen Märkten verschafft. Sie erkannte, dass die handgearbeiteten Schmuckstücke, die auf Kenias Straßen verkauft werden, bei Tourist*innen extrem beliebt waren, und wollte den Künstler*innen dabei helfen, auch lukrativere westliche Märkte zu erreichen. Mit Mobilfunktechnologie erschufen Catherine und ihre Mitgründer*innen eine Plattform, um diese Kunsthandwerker*innen mit Einzelabnehmer*innen oder Großhändler*innen in Europa und den USA zu vernetzen. Als dies nicht so erfolgreich war wie erhofft, änderten sie das Modell und zentralisierten Design, Qualitätskontrolle und Logistik. Inzwischen gehört SOKO zu den wichtigsten Exporteuren Kenias und arbeitet mit einigen der größten Marken in den USA und Europa zusammen, unter anderem der US-amerikanischen Versandkette Nordstrom oder Esprit.

Die Informatikerin Catherine war für die Implementierung und Betreuung der technologischen Innovationen verantwortlich. Inzwischen hat sie eine weitere Firma gegründet, mit der sie ebenfalls traditionelle globale Lieferketten aufmischen will.

Im Gespräch mit Catherine beeindruckten uns vor allem ihr Mut und die Entschlossenheit, mit der sie durchs Leben geht. An eine Geschichte erinnern wir uns noch besonders gut: Sie erzählte von einem Hackathon zu Beginn ihres Informatikstudiums. Sie gehörte zu den wenigen Frauen, die teilnahmen, und die Start-up-Grüppchen, die sich schon bald bildeten, wurden ausnahmslos von Männern geleitet. Zwar waren die Frauen begehrte Teammitglieder, bekamen aber nur Marketingrollen zugewiesen.

»Okay«, sagte sie sich. »Ich muss die Sache selbst in die Hand nehmen. Ich bin hier, weil ich Verantwortung übernehmen will, und das werde ich auch tun.« Seitdem ist sie nicht mehr zu stoppen. Liest man Catherine Mahugus Lebenslauf mit all ihren beruflichen Erfolgen und Auszeichnungen, könnte man glauben, sie stünde bereits kurz vor der Pensionierung. Aber zum Glück fängt Catherine gerade erst an.

Anna Yona

Als wir mit der Crowdfunding-Kampagne für unser Buch begannen (das wir zunächst auf Englisch selbst verlegten), baten wir unser Netzwerk nicht bloß um finanzielle Unterstützung, sondern auch um Vorschläge, welche inspirierenden Gründerinnen wir noch für unser Buch interviewen sollten. Eine dieser Empfehlungen kam von Nicole, einer Mitarbeiterin von Anna Yona. In ihrer langen E-Mail war Nicole so begeistert von ihrer Chefin, dass uns klar war, dass wir sie unbedingt kennenlernen mussten.

Anna und ihre Firma Wildling Shoes machen vor, wie man einen nachhaltigen und profitablen Familienbetrieb aufbauen kann, ohne dabei seine Werte aus den Augen zu verlieren. Nachdem Anna mit ihrem Ehemann Ran vom warmen Israel zurück ins kalte Deutschland gezogen war, fiel ihr bald auf, wie sehr ihre Kinder es vermissten, barfuß zu gehen, und wie schrecklich sie es fanden, im Winter unbequeme, klobige Stiefel anziehen zu müssen. Anna machte sich auf die Suche nach einer Alternative, und als sie keine überzeugende fand, war die Idee für Wildling Shoes – Barfußschuhe – in der Welt. Das war erst 2015. Inzwischen ist Wildling Shoes profitabel und hat mehr als 100 Mitarbeiter*innen. Das ist umso beeindruckender, wenn man bedenkt, dass die Firma keine einzige Investor*in hat. Mindestens genauso bemerkenswert ist, dass es keine gemeinsamen Büroräume gibt. Alle Angestellten arbeiten von zu Hause, da Anna überzeugt ist, dass dies erheblich zur Lebensqualität und somit auch Arbeitsmotivation beiträgt. Die Schuhe werden in traditioneller Handarbeit in Portugal gefertigt. Obwohl Anna und Ran beruflich bislang nichts mit Schuhen zu tun hatten, nahmen sie ihren Mut zusammen und starteten ihr Unternehmen mit einer sehr erfolgreichen Kickstarter-Kampagne: Von 513 Unterstützer*innen sammelten sie 75364 Euro ein – Wildling Shoes war geboren. Sie engagierten einen italienischen Designer und einen portugiesischen Familienbetrieb, der seit beinahe 60 Jahren hochwertige, handgenähte Schuhe anfertigt. Dass Wildling-Schuhe fair und nachhaltig hergestellt werden, hat für Anna Priorität. Die Firma könnte zwar woanders wesentlich billiger produzieren, aber Anna bevorzugt die geografische Nähe, denn so kann sie die Werkstatt besuchen und sich selbst davon überzeugen, dass die Schuhe in einer Arbeitsatmosphäre und unter Bedingungen produziert werden, die ihren Vorstellungen entsprechen.

So ziemlich alles an Annas Art, ihr Unternehmen zu führen, widerspricht konventionellen Vorstellungen von »Geschäftssinn«. Und genau deshalb lieben wir sie inzwischen genauso sehr, wie ihre Mitarbeiter*innen es tun.

Jennifer Brandel

Im Jahr 2018 veröffentlichte die *New York Times* einen Artikel mit der Schlagzeile: »More Startups have an Unfamiliar Message for Venture Capitalists: Get Lost.« (Immer mehr Startups haben eine ungewöhnliche Botschaft für Risikokapitalanleger: Haut ab.) Dieser richtungsweisende Artikel ließ vier US-amerikanische CEOs zu Wort kommen: Jennifer Brandel, Astrid Scholz, Mara Zepeda und Aniyia Williams. Sie alle hinterfragten die herrschende Start-up- und Investment-Kultur, die sogenannten »Einhörnern« nachjagt – damit sind Start-ups gemeint, die das Potenzial einer Bewertung von mindestens einer Milliarde US-Dollar haben. Vielem von dem, was diese vier Frauen zu sagen hatten, stimmten wir zu, aber besonders gefiel uns ihr rigoroser Leitspruch: Das System ist kaputt. Lasst es uns reparieren!

Es war klar, dass wir für unser Buch unbedingt eine der vier Frauen interviewen wollten. Als wir hörten, dass Jennifer Anfang 2019 an einer Konferenz in Berlin teilnehmen würde, wurde unser Wunsch Realität. Wir trafen uns und waren sofort auf einer Wellenlänge. Auch wenn Jennifer selbst die Artikelüberschrift zu polemisch fand, freute sie sich darüber, dass der Text so viele Menschen dazu gebracht hat, zu hinterfragen, ob die Welt der Start-ups und Risikokapitalanleger wirklich so toll und erstrebenswert ist. Und dass dieser Impuls von *amerikanischen* Unternehmerinnen kam, macht ihn besonders disruptiv. Anlass für den Artikel war eine öffentliche Kampagne, die von Jennifer und ihren drei Mitstreiterinnen ins Leben gerufen worden war, nachdem Jennifer vergeblich versucht hatte, passende Investor*innen für ihre Firma Hearken zu finden. Sie war entschlossen, auch im Funding-Prozess an ihren Visionen und Wertvorstellungen festzuhalten, was ihre Finanzierungsmöglichkeiten sehr stark limitierte, vor allem im Vergleich zu vergleichbaren Geschäftsmodellen, die extremes Wachstum zur höchsten Priorität machen. Ihr wurde in diesem Prozess auch bewusst, dass sie nicht die Einzige war, die diese Situation als frustrierend empfand. Sie beteiligte sich an einer Essay-Reihe zu diesem Thema, die auf *Medium* erschien und bei anderen unzufriedenen Unternehmer*innen auf enorme Resonanz stieß. Und so wurde die Bewegung »Zebras Unite« geboren.

Jennifers bisheriger Werdegang ist genauso spannend und vielfältig wie sie selbst – sie entwickelte nicht nur Psychometrie-Tests in Montreal, sondern war u.a. auch Traubenpflückerin in Tasmanien. Ihre Neugier führte sie schließlich zum Journalismus, sie berichtete etwa für die *New York Times* und *Vice*. 2012 produzierte Jennifer die bahnbrechende Serie »WBEZs Curious City«, eine Sendung des *Chicago Public Radio* mit innovativer Publikumsbeteiligung, in der die Zuhörer die Nachrichten auswählten, über die berichtet werden sollte. Dieses neue Format, das die Öffentlichkeit in den Prozess der Berichterstattung einbezog, gewann zahlreiche Auszeichnungen und brachte dem Radiosender neue Hörer sowie beträchtliche zusätzliche Einnahmen ein. Folglich fragte sich Jennifer, wie sich dieses Modell ausweiten ließe, und gründete die Firma Hearken, um genau das zu tun: Hearken hilft Firmen in aller Welt dabei, ihrer Zielgruppe besser zuzuhören. Inzwischen ist auch Hearken mit zahlreichen Preisen ausgezeichnet worden.

Außerdem gründete Jennifer Civic Exchange – eine Mischung aus Coworking-Space und Lerngemeinschaft, in der es um die Frage geht, wie Nachrichten, Informationen und Technologie Demokratie und Freiheit stärken können. Und weil sie fest daran glaubt, dass zu einem erfüllten Leben auch jede Menge Spaß gehört, gründete sie 2006 ein Frauen-Freestyle-Tanzprojekt namens Dance Dance Party Party, das inzwischen regelmäßig in Dutzenden Ländern überall auf der Welt stattfindet. Sie ist lustig, mutig und wunderbar bodenständig.

Joana Breidenbach

Joana kennen wir von allen Revolutionärinnen am längsten. Sie ist eine echte Pionierin, und zwar nicht nur, weil sie als eine der ersten Unternehmerinnen aus Berlin über die Stadt hinaus bekannt wurde, sondern weil sie ihr Unternehmertum auf eine einzigartige Weise betreibt: Statt auf Konkurrenz setzt sie auf Kooperation und stellt den sozialen Wandel in den Mittelpunkt ihres Tuns. Sie ist voller Neugier auf die Welt und hinterfragt gleichzeitig alles, was ihr als nicht sinnvoll erscheint. Joana ist Mitgründerin von betterplace.org, dem größten Spendennetzwerk Deutschlands. Vor 14 Jahren machte Joana mit ihrer Familie eine Weltreise, durch die sie in den unterschiedlichen Ländern auf spannende soziale Initiativen aufmerksam wurde. So wurde die Idee für betterplace.org geboren. Inspiriert von eBay, wollte Joana eine vergleichbare Plattform entwickeln, mit der Nutzer*innen direkt soziale Projekte unterstützen könnten. Zufällig hatte der Unternehmer Till Behnke gleichzeitig eine ähnliche Idee. Till und Joana beschlossen, sich zusammenzutun, statt zu konkurrieren. Nach ein paar Jahren gründete Joana außerdem innerhalb von betterplace einen Thinktank für digitale soziale Innovationen: das betterplace lab. Joana beschäftigte dabei vor allem die Frage, wie man für eine so innovative Organisation die bestmögliche strukturelle Umgebung schafft, und sie unternahm – inspiriert von Frederic Laloux' Buch »Reinventing Organisations«[10] – eine Reise hin zu einer ganzheitlichen Organisationsveränderung. Ihr Umgestaltungswille war so stark, dass sie ihre eigene Rolle als Geschäftsführerin abschaffte und das betterplace lab in ein experimentelles Labor für Selbstorganisation verwandelte. Joana ist außerdem Co-Autorin des Buches »New Work needs Inner Work«[11], auf das wir uns auf den folgenden Seiten immer wieder beziehen werden. Als wir Joana in ihrem neuesten Coworking-Projekt DACH in Berlin trafen, hatte sie so viel Spannendes zu erzählen, dass wir uns kaum losreißen konnten.

Kapitel 3

Revolutionärer Führungsstil: lernen, sich selbst zu führen, bevor man andere führt

»Letztendlich ist alles, was wir erschaffen, Ergebnis unserer Erfahrungen und ob wir uns unserer Unzulänglichkeiten und Begabungen bewusst sind. Die Führungspersönlichkeiten, zu denen ich aufschaue, kennen sich selbst ziemlich gut. Ich kann nur so gut sein, wie ich mich selbst verstehe. Die Qualität deiner Beziehung zu dir selbst spiegelt die Qualität deiner Beziehungen zu den Menschen wider, mit denen du zusammenarbeitest.«

JENNIFER

Man verortet Gründer*innen meist an der Spitze ihrer Firmen, und hierarchische Führung ist noch immer die (beinahe unangefochtene) unternehmerische Organisationsform. Dieser Top-down-Führungsstil ist vielen – wenn nicht uns allen – sehr vertraut. Entscheidungsmacht, Verantwortung und finanzielle Mittel konzentrieren sich auf ein paar wenige Personen an der Firmenspitze, die erwarten, dass die Untergebenen ihre Anordnungen befolgen. Selten wird hinterfragt, ob diejenigen, die eine Firma managen, die nötigen Skills dafür mitbringen, um Mitarbeiter*innen zu führen. Obwohl Mitarbeiter*innen Arbeitsbereiche oder Prozesse oft besser kennen als ihre Vorgesetzten, halten sie sich oft zurück, um die traditionelle »Befehlskette« nicht zu brechen. Mit der nächsten Beförderung im Hinterkopf ist es sogar noch unwahrscheinlicher, dass sie versuchen, aus der bestehenden Hierarchie auszubrechen. Denn wer es wagt, die Chef*in herauszufordern, wird häufig sehr schnell in seine Schranken gewiesen.

Im emotionalen Repertoire von Führungskräften ist meist nur sehr wenig Raum für Gefühle wie Angst, Zweifel und Schwäche. Für die Belegschaft gehört es zum guten Ton, gegenüber Kolleg*innen professionelle Distanz zu wahren – und das Privatleben zu Hause zu lassen. Obendrein werden im beruflichen Kontext oft diejenigen belohnt und befördert, die am selbstbewusstesten wirken.

Seit einiger Zeit zirkulieren jedoch einige alternative Ansätze, die diese überholte und für so ziemlich alle Beteiligten unangenehme Führungskultur hinterfragen. Sie werden unter dem Oberbegriff »New Work« zusammengefasst, stellen den Menschen in den Mittelpunkt und verabschieden sich von fixen Hierarchien sowie der Ansicht, dass Rang gleichbedeutend mit Macht ist. Der Trend zum »New Work« basiert auf der Erkenntnis, dass die für gute Entscheidungen benötigten Informationen nicht (nur) an der Organisationsspitze zu finden sind, sondern über alle Hierarchiestufen hinweg. Denn die traditionelle Praxis, dass nur Vorgesetzte Entscheidungen treffen dürfen, widerspricht den komplexen, auf Schnelligkeit ausgerichteten Anforderungen, die die meisten Firmen heute bewältigen müssen. »New Work« erkennt an, dass wir eine neue Art des Arbeitens brauchen. Nur so können wir schnell genug Entscheidungen treffen, um mit der zunehmenden Digitalisierung und Globalisierung der Welt mithalten zu können.

Die aus der »New Work«-Bewegung hervorgegangenen Lösungen, Organisationsmodelle und Management-Tools gründen also auf der Überzeugung, dass Entscheidungsfindung und die Entwicklung von Ideen abseits von Hierarchien ablaufen müssen. Dies bedarf neuer Formen der Zusammenarbeit, denn es ist nicht leicht, eine Umgebung zu schaffen, in der *alle* Gehör finden und sich damit auch wohlfühlen. Dieser Anspruch unterscheidet sich erheblich von dem hierarchischen Befehls- und Kontrollmodell, das jahrhundertelang galt, und erfordert auch einen drastisch anderen Führungsstil. Wir alle müssen uns von tiefverwurzelten Verhaltensweisen befreien und danach wieder ganz neu lernen, was eine »gute Chef*in« ausmacht.

Anna, Catherine, Stephanie, Ida, Jennifer, Joana und Vivienne haben alle ganz unterschiedliche Persönlichkeiten. Sie leiten ganz unterschiedliche Firmen mit Produkten von Schmuck über Schuhe bis hin zu KI-Anwendungen, und genauso unterscheiden sich auch ihre Organisationsstrukturen. Manche Firmen sind (partiell) selbst organisiert, andere traditionell hierarchisch gegliedert. Die eine beschreibt ihren Führungsstil als matriarchalisch, die andere als kollaborativ, die Nächste als visionär. Vivienne ist eine dynamische, provokative Silicon-Valley-Techie, Ida wirkt eher introvertiert und nachdenklich, während Stephanie eine humorvoll sturköpfige Lady ist, die sich vom Flüchtlingskind zur Selfmade-Millionärin hochgearbeitet hat. Die Intuition, mit der sie alle ihre Firmen führen oder führten, erinnert uns an Elemente aus dem »New Work«-Diskurs. Die Revolutionärinnen gehen aber sogar häufig weit darüber hinaus – besonders Stephanie, die ihre Firma schon leitete, als viele der heutigen »New Work«-Gurus noch gar nicht geboren waren.

Entgegen der allgemeinen Auffassung gibt es keine ausgewiesene »Unternehmerpersönlichkeit«. Unternehmer*innen sind so unterschiedlich wie die Menschen selbst. Erwarte deshalb bitte kein Patentrezept. Die gibt es schon zuhauf, und wir selbst konnten mit ihnen leider nie viel anfangen.

Als wir unsere Firmen gründeten, wussten wir vor allem, welche Verhaltensweisen unserer früheren Vorgesetzten wir auf keinen Fall übernehmen wollten. Doch wirkliche Vorbilder dafür, wie wir stattdessen sein wollten und vor allem wie wir dorthin kämen, hatten wir leider nicht. Außerdem kam es uns vor, als wäre all das ein »nice to have« – etwas, das uns im schlimmsten Falle von unserem Kerngeschäft ablenken würde. Coaching zum Beispiel war für uns nur ein abstraktes Konzept und erschien uns als Zeit- und Geldverschwendung. Wie sich herausstellte, war das ein schwerer Fehler, der uns beinahe unsere Gesundheit und unsere Firmen gekostet hätte.

Glücklicherweise haben viele unserer Revolutionärinnen diesen Fehler vermieden und von Anfang an viel Zeit, Energie und Geld in ihre persönliche Entwicklung und in die Entwicklung ihrer Beziehungen zu Angestellten, Geschäftspartner*innen und Investor*innen gesteckt. Von dieser Prioritätensetzung haben sie alle immens profitiert. Die Unternehmerinnen berichteten davon, wie wichtig es für sie war, zu lernen, sich selbst zu führen, bevor man andere führt, und sie betonten, was für eine wichtige Rolle Coaching und Therapie in diesem Prozess gespielt haben. Durch die Arbeit an sich selbst haben sie es geschafft, ihre emotionale, »menschliche« Seite auch im Job anzuerkennen. Sie alle wollen in ihrer Arbeit die unterschiedlichen Facetten ihrer Persönlichkeit nicht verstecken müssen, wollen nicht vorgeben, etwas zu sein, was sie nicht sind. Sie folgen nur selten festgefahrenen Vorstellungen darüber, was von der »Chef*in« erwartet wird. Uns hat ungeheuer beeindruckt, wie all diese Frauen sich allein von ihren Wertvorstellungen und ihrer Intuition leiten ließen, obwohl sie dafür gegen den Strom schwimmen mussten. Ihre Geschichten haben uns gezeigt: Inspirierende Manager*innen führen nicht mit dem Ego, sondern aus einem ruhigen Selbstbewusstsein heraus, das in der Anerkennung des eigenen Lebenssinns gründet.

Egal, ob als Gründer*in, aufstrebende Führungskraft oder Angestellte: Auf den folgenden Seiten wirst du radikal Neues über die Verbindung zwischen Management, Business und Arbeit erfahren und darüber, wie wir diese drei Bereiche ganzheitlich revolutionieren können. Möglicherweise hilft dir dieses Kapitel sogar dabei, deine Beziehungen zu anderen – und vor allem zu dir selbst – zu verstehen und zu verbessern. Kurz gesagt: Die Neudefinition von Leadership – sich selbst und andere zu führen – ist der Motor unserer Revolution.

 Wer ist hier der Boss?

Vor ein paar Jahren durchlebte eine meiner Mitarbeiterinnen eine schwierige Zeit. Ich wollte sie in dieser Phase unterstützen und ermöglichte es ihr, weitaus mehr im Homeoffice zu arbeiten, als es in unserer Firma üblich war. Doch je länger sich ihre private Krise hinzog, desto mehr hatte ich das Gefühl, dass ich nicht mehr richtig zwischen Arbeit und Freundschaft unterscheiden konnte. Ich war überfordert und hatte keine Ahnung, wie ich mit der Situation umgehen sollte. Deshalb beschloss ich, dem Ganzen eine Grenze zu

setzen und die professionelle Distanz zwischen uns wieder-
herzustellen. Also schrieb ich meiner Mitarbeiterin eine
Mail, in der ich sie bat, nicht mehr so oft im Homeoffice zu
arbeiten. Ich versuchte, die E-Mail so zu formulieren, wie es
eine Chefin tun sollte: mitfühlend, aber bestimmt, distan-
ziert und streng.

Als meine Mitarbeiterin ein paar Monate später kündigte,
gestand sie mir im Abschlussgespräch, dass meine E-Mail der
Tropfen gewesen war, der das Fass zum Überlaufen gebracht
hatte. Meine Reaktion hatte sie verwirrt und verletzt. Unsere
Beziehung war irreparabel beschädigt.

Wow, dachte ich. So viel zur professionellen Distanz.
Was hätte ich anders machen können? Nun, ich hätte ihr
zum Beispiel erklären können, wie ich mich fühlte. Ich hätte
sagen können:»Das Maß an emotionaler Unterstützung, das
du im Moment brauchst, überfordert mich, und ich weiß oft
nicht mehr, ob ich als Freundin oder als deine Vorgesetzte
mit dir rede. Außerdem befürchte ich, dass deine persönliche
Lage negative Auswirkungen auf das restliche Team haben
könnte. Lass uns gemeinsam versuchen, eine Lösung zu
finden.«

So zu reagieren, hätte einerseits bedeutet, als vollstän-
diger, verwundbarer Mensch mit eigenen Unsicherheiten
vor ihr zu stehen, und andererseits, meine Mitarbeiterin
auf Augenhöhe zu behandeln. Stattdessen hatte ich mich
dazu entschieden, meine»Chefin-Maske« aufzusetzen und
das Problem mechanisch zu lösen, ohne mich wirklich mit
meinem Gegenüber auseinanderzusetzen. Wie sich herausstellte, war das der schlimmstmögliche Ansatz gewesen,
der das schlimmstmögliche Ergebnis zur Folge gehabt hatte.
Aber wenn die klassische Chef*innen-Masche so schlecht
funktioniert, was sind dann meine Alternativen?

Durch Schein zum Sein? Leider nein.

Wie wichtig kann es denn sein, sich selbst als Gründer*in gut zu kennen, mit allen Stärken und Schwächen? Bestimmt hat die Wahl der Unternehmensstruktur weit größere Auswirkungen als Coaching- oder Therapie-Sessions – oder? Die »New Work«-Beraterin Bettina Rollow ist anderer Meinung. Sie hat Joanas Team und vielen weiteren Unternehmen dabei geholfen, den Übergang von traditionellen Strukturen zu »New Work«-Modellen mit flacheren oder kompetenz- und projektbasierten Hierarchien zu gestalten. Sie meint: »Letztlich ist es eher eine Frage der Einstellung als der Organisationsstruktur eines Unternehmens. Wenn eine Firma eine auf Mitarbeiter*innen ausgerichtete, freundliche, wertschätzende Unternehmenskultur schaffen will, in der Angestellte das Gefühl haben, bei der Arbeit sie selbst sein zu können, über Autonomie zu verfügen und für ihre Ergebnisse gewürdigt zu werden, kann das mit einer Vielzahl kollaborativer Organisationsmodelle erreicht werden. Aber andersrum geht es nicht. Man kann nicht ein Organisationsmodell wie zum Beispiel Holokratie mit weitreichender Verantwortung und Entscheidungsbefugnis für Mitarbeiter*innen wählen und erwarten, dass es ohne die richtige Einstellung bzw. Unternehmenskultur funktioniert.«

Die Bereitschaft, sich selbst durch innere Arbeit besser kennenzulernen, ist für alle »New Work«-Ansätze erforderlich, wie Bettina und Joana in ihrem gemeinsamen Buch »New Work needs Inner Work« beschreiben. Wer mit alten Arbeitsvorstellungen brechen und anders arbeiten will, muss zuallererst lernen, sich selbst und seine Beziehungen zu anderen zu verstehen. Das geht natürlich nicht von heute auf morgen.

Joana und Bettina nennen zwei grundlegende Fallen, in die Gründer*innen immer wieder tappen, wenn sie »New Work«-Modelle umsetzen.[12] Diese Fallen kamen uns leider sehr bekannt vor und sind gute Beispiele dafür, warum »New Work« ohne innere Arbeit nicht funktioniert. Beide haben mit der Fähigkeit und der Bereitschaft der Gründer*innen zu tun, sich selbst zu reflektieren und an sich zu arbeiten. Wenn selbst organisierte Modelle in einer Firma scheitern, kann das Bettina und Joana zufolge einerseits daran liegen, dass sich die Gründer*innen für diese neuen Organisationsmodelle entschieden haben, weil sie selbst nicht gerne Macht ausüben. Vielleicht weil sie irgendwann schlechte Erfahrungen mit Hierarchien gemacht haben oder weil ihr Selbstvertrauen zu fragil ist, um eine Machtposition auszufüllen. Das Umverteilen von Macht geschieht dann nicht bewusst und absichtsvoll, weshalb es auch nicht umfassend und konsequent vollzogen wird. Stattdessen hängt die Macht irgendwo zwischen Gründer*in (oder Führungskraft) und den Teammitgliedern, wodurch ein frustrierendes Machtvakuum entsteht. Wer ein Non-Profit- oder Sozialunternehmen leitet oder für eines arbeitet, wird dieses Muster wahrscheinlich erkennen. Als wir davon lasen, fanden wir uns eindeutig darin wieder.

In die zweite Falle tappen vor allem Manager*innen, die eine selbst organisierte Struktur allein deshalb einführen, weil sie innovativ und zeitgemäß erscheinen wollen, aber tatsächlich nicht dazu bereit sind, ihre Macht abzugeben. Ihr Vorhaben wird nicht von einem tieferen Sinn geleitet, sondern von ihrem Ego. Den Autorinnen zufolge ist genau das recht häufig bei Start-ups und auch anderen Unternehmen der Fall: »Es zeigt sich ziemlich schnell, dass nur die Entscheidungen und Ergebnisse, die sich mit den Erwartungen des Managers decken, tatsächlich implementiert werden.«[13]

Joana und Bettina sind davon überzeugt, dass die Umsetzung von »New Work« oft scheitert, wenn diese beiden Szenarien nicht bedacht und behoben werden. Nur wenn eine Führungskraft Macht wirklich innehat, kann diese an ein Team weitergegeben werden. Und nur Macht, die wirklich weitergegeben wird, kann von einem Team angenommen und verantwortlich ausgeübt werden. Als wir beim Mittagessen mit Bettina über dieses Problem sprachen, erzählte sie uns von folgender Idee: »Wenn Organisationen von einer gründer*innengeführten in eine selbst organisierte Struktur wechseln wollen, ist meiner Erfahrung nach die Erfolgschance viel höher, wenn es für den Übergang eine offizielle Zeremonie gibt: Dabei wird die Macht der Gründer*in symbolisch an das Team übergeben. Gleichzeitig wird die bis dahin von der Gründer*in geleistete Arbeit öffentlich und feierlich gewürdigt.«

Gleichzeitig Mensch *und* Chef*in zu sein, bedeutet, sich nicht auf angelernte Verhaltensweisen zu verlassen

»Wenn ich über Leadership nachdenke und darüber, welche Art Chefin ich sein will, dann fällt mir als Erstes dazu ein, dass man erst lernen muss, sich selbst zu führen, bevor man andere führt. Und wie schafft man das? Na ja, als Mensch zu wachsen, ist eine lebenslange Reise.«
IDA

Ohne es wirklich zu merken, machten wir beide den Fehler, auf angelernte Vorstellungen zurückzugreifen, um unsere Rollen als Chefinnen auszufüllen. Und wir machten den

Fehler, nicht genug Zeit und Energie in die Beziehungen zu investieren, die für unser Gelingen am wichtigsten waren: die zu unseren Angestellten. Das alles war Folge dessen, dass wir uns nicht wirklich mit uns selbst beschäftigt hatten und somit sehr ungenaue Vorstellung davon hatten, wer wir selbst waren und wie wir als Chefinnen sein wollten.

In unseren Interviews haben wir den Revolutionärinnen folgende Frage gestellt: Welche Einsicht hättest du gern früher gehabt, zu der Zeit, als du deine Firma gegründet hast? Die meisten Frauen wünschten sich, sie hätten gewusst, wie wichtig ihre persönliche Entwicklung sein würde, und bereits zu Beginn ihrer Karrieren mehr Zeit, Energie und Geld darauf verwendet, sich selbst besser zu verstehen. Joanas Antwort war besonders erhellend: »Mein Rat: Nimm dir viel Zeit, dich selbst zu erforschen. Nicht aus narzisstischen Gründen, sondern um ein glücklicher selbstwirkmächtiger Mensch zu werden. Ein Großteil meines Erfolgs basiert auf Anstrengung und Nachtschichten. Das alles braucht man natürlich auch. Aber ich glaube, ich hätte auf andere Art und Weise dorthin gelangen können, wo ich jetzt bin, wenn ich mir mehr Zeit mit mir und für mich genommen hätte. Und damit meine ich nicht Dinge wie Yoga, Meditation und gesunde Ernährung. Ich rede von Therapie.«

Natürlich kann man auch als Arbeitsmaschine Erfolg haben, sagt Joana, doch oft leiden die eigene Erfüllung und die Freude an der Arbeit darunter. Nicht als Maschinen werden wir zur bestmöglichen Chef*in, sondern nur, wenn wir es schaffen, menschlicher zu sein. Auch Ida meint, dass es für gutes Führungsverhalten essenziell ist, sich selbst zu kennen. Vor allem müssen wir ergründen, weshalb das Verhalten anderer uns verletzt und wie unser Verhalten andere verletzen kann, oft ohne dass wir es bemerken. Uns der zwischenmenschlichen Dynamiken nicht bewusst zu sein, kann großen Schaden anrichten. Teams zerbrechen in der Regel nicht an der Inkompetenz Einzelner, sondern daran, dass individuelle Verletzungen aufeinanderprallen.

Idas Erfahrung nach »kündigen Leute nie wegen ihrer Fähigkeiten, sondern immer aufgrund menschlicher Probleme. Wenn wir immer wieder auf dieselben Schwierigkeiten prallen und weder der Wille noch die Ressourcen zur Lösung des Problems vorhanden sind, bricht das Team auseinander. Und manchmal aus gutem Grund. Mitunter müssen Menschen Traumata bewältigen, die zu groß und zu tiefgehend sind, und ihr aktueller Ort ist einfach nicht der richtige dafür. Dann wechseln sie zu anderen Organisationen und drehen sich so lange in Spiralen, bis sie ihre Traumata geheilt haben. [...] Wir bringen unser Ich und unsere Lebensgeschichte zur Arbeit mit. Es wird kompliziert, wenn auf unseren Ängsten und unserer Menschlichkeit herumgetrampelt wird – und wir gleichzeitig dasselbe bei anderen tun.«

Das Verhältnis eines Menschen zu sich selbst beeinflusst seine Beziehungen zu anderen Menschen. Ida zufolge kündigen Mitarbeiter*innen dann, wenn sie in der von der Chef*in geschaffenen Atmosphäre nicht sie selbst sein können. Oder weil die Chef*in glaubt, dass es in einer bestimmten Situation nur eine richtige Art zu reagieren gibt – eine Annahme, die Beziehungen schweren Schaden zufügen kann. Sich der eigenen Einflüsse, Angewohnheiten und Annahmen bewusst zu werden, ist schwierig. Ein Coach oder eine Therapeut*in kann dabei wichtige Unterstützung bieten.

Noch mal zusammenfassend: Wenn man als Gründer*in den langfristigen Erfolg der Firma sichern will, sollte die persönliche (nicht die professionelle) Entwicklung aller Mitarbeiter*innen – einschließlich der eigenen – Priorität haben.

Um eine Firma aufzubauen, in der alle Mitarbeiter*innen gedeihen können, müssen sich die Chef*innen zuerst selbst kennenlernen – nicht nur auf der kognitiven, sondern auch auf der emotionalen Ebene. Wir müssen verstehen, welche Verhaltensweisen uns triggern und in bestimmter Weise reagieren lassen. Mit besserer Selbsterkenntnis und größerem Selbst-Bewusstsein können wir gezielt darauf hinarbeiten, die bestmögliche Version unserer selbst zu werden, und nicht länger auf angelernte und unbewusste Verhaltensmuster zurückzugreifen.

Gemeinsame Coaching-Sessions waren für mich und meine Mitgründer*innen sehr wichtig, um zu verstehen, was in Krisenmomenten falsch gelaufen war. Eine besonders erhellende Übung arbeitete mit dem Vier-Seiten-Modell, auch Kommunikationsquadrat genannt, nach dem Psychologen und Kommunikationswissenschaftler Friedemann Schulz von Thun. Dank dieses Modells begriff ich, dass meine Worte von meinen Mitgründer*innen (oder Mitarbeiter*innen) oft ganz anders interpretiert wurden, als ich beabsichtigt hatte – und umgekehrt ebenfalls. Unser Coach verwendete folgendes Beispiel, um das Modell zu veranschaulichen: Man hält mit dem Auto an einer grünen Ampel, und die Beifahrer*in sagt: »Es ist grün.« Faktisch betrachtet sagt sie nur drei schlichte Worte. Aber sagt sie sie, weil sie a) helfen will,

b) genervt ist, weil die Fahrer*in schon wieder abgelenkt ist, oder c) weil sie es eilig hat? Als Fahrer*in wird man die Äußerung auf eine dieser drei Arten verstehen – auch, wenn sie nicht so gemeint war. Wie wir Informationen senden und empfangen, hängt stark von unseren eigenen Erfahrungen und unserem Verhältnis zu anderen ab. Potenziellen Missverständnissen können wir begegnen, indem wir uns immer wieder bewusst machen, dass wir häufig Informationen mit verborgenen Botschaften aussenden oder Informationen falsch interpretieren. Andernfalls bauen sich durch immer wiederkehrende Missverständnisse Irritationen und Unsicherheiten auf. Es ist also wichtig, als Sender*in von Informationen so explizit wie möglich die eigenen Bedürfnisse zu formulieren, anstatt zu hoffen, dass die Botschaft zwischen den Zeilen verstanden wird. Wichtig ist auch, immer wieder nachzufragen, was bei der Gesprächspartner*in angekommen ist. Als Empfänger von Informationen sollte man reflexartige Reaktionen vermeiden und das Gehörte zusammenfassen: »Meinst du damit . . . / Sagst du das, weil . . .« und akzeptieren, dass die Botschaft möglicherweise anders gemeint war, als man sie empfangen hat.

Die Vorteile davon, gleichzeitig Chef*in und Mensch zu sein

»Mein Mitgründer bezeichnete unsere Firma häufig als Maschine. Ich hasse diese Metapher.«
JOANA

In all unseren Interviews kristallisierte sich heraus, wie wichtig es ist, die »komplexen, chaotischen und menschlichen

Elemente der Mitarbeiterführung« anzunehmen, wie Vivienne es ausdrückte. Statt sich als emotionslose Wesen zu geben, die sich im Büro in eiskalte Maschinen verwandeln, nehmen die Revolutionärinnen ihre Masken ab. Und schaffen dadurch eine viel positivere und produktivere Arbeitsumgebung.

Als wir Catherine nach ihrem Führungsstil fragten, sagte sie, sie bemühe sich um eine »teilnehmende Rolle, in der ich mit gutem Beispiel vorangehen kann. Außerdem habe ich kein Problem damit, mir die Hände schmutzig zu machen [. . .]. Ich glaube, dass meine Angestellten mich so mehr als Menschen sehen, auf den sie zugehen können.« Catherine kam auch auf ihre eigenen Erfahrungen als Angestellte zu sprechen, die verdeutlichen, was sie als Geschäftsführerin unbedingt vermeiden wollte:

»Bevor ich SOKO gründete, arbeitete ich bei einer Bank [. . .]. Mir gefiel überhaupt nicht, wie wenig die Chef*innen oder Abteilungsleiter*innen mit den Angestellten zu tun hatten – es gab eine unsichtbare Grenze, sie waren unberührbar und unerreichbar. Das fand ich schrecklich. Also sagte ich mir, wenn ich meine eigene Firma gründe, dann will ich auf keinen Fall, dass dort so eine Atmosphäre herrscht. Wenn nämlich mal jemand einen Fehler macht, wird er viel zu viel Angst haben, ihn einzugestehen, und du hörst erst davon, wenn es zu spät ist. Ich wollte eine offene Umgebung schaffen, in der alle Mitarbeiter*innen mich erreichen und mit mir reden können. Und ich glaube, das hat wesentlich zu dem Erfolg beigetragen, den mein Unternehmen bisher verzeichnen kann.«

Catherine entwickelte diesen menschenzentrierten Führungsstil, indem sie sich von dem üblichen und bekannten Führungsstil bewusst abgrenzte und etwas Neues wagte.

Aber – und das ist sehr wichtig – ihr Ansatz war nicht nur von der Empathie für ihre Angestellten motiviert, sondern auch von dem Wunsch, wirtschaftlich erfolgreich zu sein. Eine geschützte und offene Umgebung zu schaffen, in der alle Mitarbeiter*innen sicher sein können, gehört zu werden, macht die Firma transparenter: Probleme werden zeitnah gelöst, Angestellte sind weniger ängstlich und leisten bessere Arbeit.

Stephanie sagte uns, ihr Management-Stil sei oft als »matriarchalisch« und »mütterlich« beschrieben worden: »Weil mir etwas an meinen Angestellten liegt und ich mich um sie kümmere. Als die Firma noch klein war, wusste ich, wessen Kind gerade die Masern hatte, und solche Dinge. Ich versuche wirklich, eine mütterliche Chefin zu sein. Aber mir wurde immerzu gesagt, das sei altmodisch und nicht zukunftsfähig. Ich habe das ignoriert und weiterhin versucht, meine Angestellten im Krankenhaus zu besuchen, an ihre Geburtstage und Firmenjubiläen zu denken. Ich gab mir Mühe, eine persönliche Beziehung zu ihnen aufzubauen, weil ich ihnen zeigen wollte, dass ihre Arbeit für mich nicht nur eine emotionslose finanzielle Transaktion zwischen ihnen und mir war.«

Wir stellten fasziniert fest, dass Stephanies »mütterlicher« Führungsstil in den 1970ern als altmodisch verschrien war, die Silicon-Valley-Unternehmerin Vivienne ihn aber für die Geschäftswelt von heute für extrem relevant hält. Sie ist der Meinung, dass die besten Führungskräfte darauf Wert legen, ihre Angestellten zu fördern und für sie zu sorgen – so wie Eltern sich um ihre Kinder kümmern.

»Du bist hier, um zu wachsen. Und wir sind hier, um dir dabei zu helfen. Wir stellen Leute ein, die noch nicht voll qualifiziert sind, und helfen ihnen, in eine Rolle rein- und dann über diese Rolle hinauszuwachsen, in etwas noch Besseres. [...] Ähnlich wie in einer Familie. Deine Hauptaufgabe als Elternteil ist es nicht, die engste Freund*in deiner Kinder zu sein, sondern sie so gut wie möglich dazu anzuleiten, das Bestmögliche aus ihrem Leben zu machen. Die Qualität von Eltern lässt sich einzig daran messen, ob ihnen das gelingt.« Vivienne fährt fort: »Wenn man als Chef*in entscheidet, sich nicht mit Kolleg*innen und Angestellten anzufreunden, weil man vielleicht irgendwann Entscheidungen treffen muss, die diese Freundschaften nicht überstehen, dann ist das kein schönes Leben. Meiner Meinung nach gibt es keine Trennung zwischen Beruf und Privatleben. Denn am Ende wird man sein Leben in seiner Gesamtheit bewerten, vom Anfang bis zum Schluss.«

Der »Silicon Valley«-Weg, der Arbeit und Privatleben vermischt, ist vielfach kritisiert worden, weil er meistens mehr Arbeit und weniger Privatleben bedeutet. Aber Vivienne will auf etwas anderes hinaus. Es geht ihr darum, bei der Arbeit die Möglichkeit zu haben, sie selbst zu sein. Das bedeutet für sie, bei der Arbeit echte Beziehungen aufzubauen, selbst wenn es manchmal anstrengend ist, sich selbst und andere weiterzuentwickeln und sich jeden Tag bewusst darüber zu sein, welchem höheren Zweck man damit dient. Authentizität ist die Basis für ein erfülltes und glückliches Leben – doch das funktioniert nicht, wenn man sich im Büro permanent verstellen muss. Es gibt kein »Arbeits-Ich« und kein »Privat-Ich«. Es gibt nur ein Ich. Welch eine Erleichterung, wenn man endlich damit aufhören kann, eine Rolle zu spielen – wie viel Energie man dadurch spart!

Für viele Frauen ist es schwierig, Karriere und Familie miteinander zu vereinbaren. Mit »Karriere« meinen wir einen Job, der erfüllend, aber auch herausfordernd ist, der Verantwortung beinhaltet und eine gewisse Flexibilität erfordert. Dieses Thema ist sehr komplex und hat so viele Ebenen, dass ich ein zweites Buch bräuchte, um alles Wichtige dazu zu sagen. Denn jede Frau lebt ihre eigene Realität; jede hat ihre individuelle körperliche und wirtschaftliche Situation, ihr individuelles Verhältnis zu Partner und Kind(ern), ihren individuellen Job. Um diesem Thema ansatzweise gerecht zu werden, beschränke ich mich auf ein paar Hauptpunkte, stets in dem Bewusstsein, viele Details weglassen zu müssen.

Ein Grund, warum ich meinen Job als Beraterin kündigte, um Folkdays zu gründen, hatte damit zu tun, dass ich eine Familie wollte und mir das in meinen bisherigen Jobs nicht vorstellen konnte. Für mich war klar: Wenn ich Kinder bekomme, soll das auch Spaß machen. Und obwohl ich natürlich, wie die meisten zukünftigen Eltern, naiv war, sah ich viele Herausforderungen auf uns zukommen. Denn ich kannte Menschen mit Kindern und sah, wie schwer es ihnen in vielerlei Hinsicht fiel, diese riesige Verantwortung ohne ausreichend Schlaf und mit einer Million neuer Aufgaben zu stemmen und dabei noch dem Beruf gerecht zu werden. Ich war mir also der Herausforderungen sehr bewusst, sodass ich meinen damaligen Job unter dem Gesichtspunkt der Familientauglichkeit genau unter die Lupe nahm. Meine Position erforderte eine Menge Geschäftsreisen und Spätschichten, und meine Arbeitszeiten konnte ich nicht so einfach anpassen. Ich merkte, dass meine in Teilzeit arbeitenden Kolleginnen und Kollegen (in der Regel Frauen, die meisten von ihnen Mütter) sehr viel härter arbeiten mussten, um gewürdigt und befördert zu werden. Auf mich wirkte es, als würden sie sich zerreißen. Um auf der einen Seite den Erwartungen ihrer Kund*innen, Chef*innen und Kolleg*innen gerecht zu werden und auf der anderen Seite ihrem eigenen Anspruch, eine gute Mutter und Partnerin zu sein. Wie sehr sie sich auch anstrengten, sie schienen nie alle zufriedenstellen zu können.

Ich entschied für mich, dass ich so nicht leben und arbeiten wollte, kündigte meinen Job und gründete Folkdays. Mir ist voll und ganz bewusst, dass diese Entscheidung für mich aufgrund meiner privilegierten gesellschaftlichen Position als gut ausgebildete Akademikerin viel einfacher war als für die riesige Mehrheit von Frauen in Deutschland und anderswo. Ich war überzeugt davon, dass mir meine eigene Firma ein flexibleres Arbeitsleben ermöglichen würde, das Raum für eine Familie ließ. Das mag erst mal paradox klingen, denn wir glauben ja oft, dass Unternehmer*innen eigentlich rund um die Uhr arbeiten. Klar, in vielerlei Hinsicht erfordert ein eigener Betrieb viel mehr Zeit und Aufmerksamkeit als ein Angestelltenjob. Aber zugleich bietet die Selbstständigkeit auch ein hohes Maß an Freiheit, schließlich kann man selbst entscheiden, wann und wie man arbeitet. Es dauerte natürlich einige Jahre, bis mein Unternehmen so stabil aufgestellt war, dass ich auch mal seltener im Büro sein konnte. Als mein Sohn Eli geboren wurde, teilten mein Mann, der ebenfalls Unternehmer ist, und ich uns die Kinderbetreuung zu gleichen Teilen auf. Und schon sehr bald nahm ich Eli mit ins Büro, zu Terminen und auf Pressereisen. Bei Meetings, Interviews und Workshops hatte ich ihn auf dem Schoß. Zu meinem großen Glück ist er ein sehr umgängliches Kind, aber manchmal war es trotzdem ziemlich chaotisch. Doch irgendwie funktionierte es, dank der Unterstützung unserer Kolleg*innen und Familien. Als Eli ein bisschen älter war, fanden wir einen guten (in Berlin übrigens kostenlosen) Kitaplatz für ihn, was extrem hilfreich war.

Um nicht das Gefühl zu haben, mich ständig zwischen unterschiedlichen Rollen aufzureiben, führte ich sie alle in einer einzigen Rolle zusammen: der Lisa-Rolle. Ich habe im Lauf der Jahre viel über dieses Thema nachgedacht und irgendwann entschieden, dass es für mich einfach nicht funktioniert, Arbeits- und Privatleben zu trennen. Man ist nun mal die ganze Zeit Mutter, und wenn man Spaß an seiner Arbeit hat, will man auch nicht sofort nach Hause verschwinden, nur weil es fünf Uhr schlägt. Ich jongliere mehr, als dass ich plane, mittlerweile mit zwei kleinen Kindern, aber ich habe immer schon gerne improvisiert, und die Unterschiedlichkeiten meiner Aufgaben erfüllen mich sehr.

Wenn ich über meine Erfahrungen zu diesem Thema spreche, höre ich meistens: »Okay, ich verstehe. Bei dir geht das vielleicht, aber was wäre, wenn alle ihre Kinder zur Arbeit mitbrächten?« Und damit haben sie recht. Doch es gibt auch andere Ansätze für Unternehmen und Firmen, um Arbeit und Familie besser in Einklang bringen zu können. Die Regelung der Elternzeit in Deutschland etwa soll beide Elternteile dazu motivieren, sich für eine Weile in Vollzeit um den Nachwuchs zu kümmern. Dass es immer noch meist Frauen sind, die den Großteil der Elternzeit in Anspruch nehmen, ist leider auch Teil der Wahrheit. Ein Schritt in die richtige Richtung ist es trotzdem. Immer mehr Firmen bieten außerdem Betriebskindergärten, flexible Arbeitszeiten und feste Homeoffice-Tage für Eltern an. Es gibt also vielfältige Möglichkeiten, berufstätigen Eltern dabei zu helfen, ihrer privaten und beruflichen Verantwortung gerecht zu werden. Die Verfügbarkeit von Kinderbetreuung ist ein Thema, das mir sehr am Herzen liegt. Es ist ja nicht von der Hand zu weisen, dass ein Mangel an bezahlbarer und leicht zugänglicher Kinderbetreuung diejenigen benachteiligt, die eine Familie gründen und trotzdem weiterarbeiten wollen. Allerdings finde ich nicht, dass in erster Linie Firmen dafür zuständig sind, Angestellte mit Kindern so zu unterstützen, dass sie Job und Familie vereinbaren können. Regierungen haben die Pflicht, sich um das Wohlergehen ihrer Bürger zu kümmern, und wenn sie dieser Aufgabe nachkommen, profitieren sie von wirtschaftlicher Stabilität und Wachstum. Nach wie vor werden Frauen viel zu oft aufgrund der gesellschaftlichen und politischen Strukturen in Deutschland dazu genötigt, sich zwischen Familie und beruflicher Selbstverwirklichung entscheiden zu müssen. Ich hoffe, dass die wachsende Zahl von Frauen in Wirtschaft und in Politik dazu führt, dass Eltern mehr Unterstützung bekommen – sowohl bei der Arbeit als auch zu Hause.

Unsere Revolutionärinnen, allen voran Anna und Stephanie, haben die Herausforderung, Arbeit und Familie unter einen Hut zu bekommen, angenommen und zu einem Vorteil ausgebaut. Stephanie gründete eine Firma, in der anfangs hauptsächlich zuvor nicht berufstätige Mütter arbeiteten – Frauen, die nach der Geburt ihres ersten Kindes in den 1960er-Jahren aus dem Arbeitsmarkt gedrängt worden waren. Anna hatte sich vor ein paar Jahren in einer ganz ähnlichen Situation befunden. Sie hatte das Gefühl, dass sie einen völlig neuen Ansatz brauchte, um ihr Berufs- mit ihrem Familienleben zu verbinden. Ihre drei Kinder waren noch ziemlich klein, als Anna und ihr Mann Ran Wildling Shoes gründeten. Sie wollten eine Firma, die es nicht nur ihnen erlauben würde, so viel Zeit wie möglich mit den Kindern zu verbringen. Das Ergebnis: Alle Angestellten arbeiten von zu Hause aus. Wildling fing mit einer kleinen Zahl von Mitarbeiter*innen an, inzwischen sind es über hundert. Und 75 Prozent der Mitarbeiter*innen sind Frauen, viele haben Kinder.

Selbstreflexion + Purpose > Ego

»Diejenigen, die es schaffen, die eigenen Ziele den gemeinsamen Zielen unterzuordnen, sind diejenigen, die die Produktivität antreiben. Ich habe noch nie verstanden, wie die Leistungssportler-Testosteron-Kultur es geschafft hat, die gesamte Management-Literatur rund um das Thema Leadership zu dominieren.«

VIVIENNE

Die Vorstellung, dass Gründer*innen Zeit investieren sollten, um sich selbst besser kennenzulernen, scheint auf den ersten Blick das Image zu bestätigen, dass (erfolgreiche) Unternehmer*innen vor allem um sich selbst kreisen. Als Gründer*in bekommt man schnell den Eindruck, dass man nur dann erfolgreich sein kann, wenn man kein Problem damit hat, sich in den Mittelpunkt zu stellen. Denn der gesamte Prozess von Networking, Pitching und Sales (die Heilige Dreifaltigkeit der Start-up-Welt) erfordert ein unerschütterliches Selbstbewusstsein und vor allem den Glauben, dass man die Aufmerksamkeit und das Geld anderer mehr verdient als die Konkurrenz.

Wir halten diese Auffassung für falsch. Auch die Frauen, die wir interviewten, wirkten auf uns weder egogesteuert noch arrogant, ganz im Gegenteil: Sie alle waren erfrischend – und aufrichtig – bescheiden. Und dennoch waren sie alle selbstbewusst und hochkompetent. Selbstvertrauen ist für alle Firmenlenker*innen eine wichtige Eigenschaft, denn die Menschen setzen es nun einmal mit Kompetenz gleich.[14] Aber Selbstvertrauen ist nicht dasselbe wie ein ausgeprägtes Ego. Vivienne findet, dass eine Ego-Kultur unter allen Umständen vermieden werden sollte. Als Neurowissenschaftlerin versteht sie Menschen auf einer Ebene, die den meisten von uns nicht zugänglich ist, und sie hat eine Menge Studien und Statistiken in petto, die ihre Erfahrungen bestätigen. Sie sagt:»In einer der größten Firmen der Welt gab es Tests, die zeigten, dass die Produktivität nicht stieg, wenn ein Chef rücksichtslos und übertrieben ehrgeizig war. Zu guten Ergebnissen führten vor allem emotionale Arbeit, Bescheidenheit und Zusammenhalt. Kein oberflächliches ›Wir schaffen das schon‹, sondern echte Opferbereitschaft fürs Team und die gemeinsamen Ziele. Der Wille, sich als Führungskraft nicht selbst ins Rampenlicht zu stellen, sondern die Hintergrundarbeit zu leisten, obwohl man weiß, dass es einem wahrscheinlich niemand danken wird.«

Es scheint sogar so zu sein, dass ein übersteigertes Ego es schwieriger macht, eine gute Führungskraft zu sein. Der Autor und Unternehmer Ryan Holiday, der sich ausführlich mit der Rolle des Egos am Arbeitsplatz auseinandersetzt, definiert den Begriff folgendermaßen: Ego ist»der ungesunde Glaube an unsere eigene Wichtigkeit [...]. Der Drang dazu, besser zu sein als andere, mehr Anerkennung zu bekommen als andere und für X Y Z gewürdigt zu werden. Und zwar über jedes vernünftige Maß hinaus.«[15] Mit anderen Worten: Menschen mit überdimensioniertem Ego haben wahrscheinlich auch ein überdimensioniertes Bedürfnis, gemocht oder wertgeschätzt zu werden. Dies ist eine gefährliche und möglicherweise trügerische Grundlage, um Entscheidungen zu treffen.

Selbstbewusstsein kann dir als Führungskraft dabei helfen, andere von deiner Kompetenz zu überzeugen. Arroganz dagegen macht dich zu einer schlechten Führungskraft. Aber woraus speist sich ein gesundes Selbstbewusstsein? Vivienne trifft es mal wieder auf den Punkt: »Alle haben Selbstzweifel. Aber das ist völlig egal. Weil es nämlich nicht um dich geht, sondern um dein Ziel, deine Bestimmung. Und wenn du die kennst, dann entkommst du all den Fragen danach, ob du es verdienst, hier zu sitzen. Ob du die richtige Person für die Rolle bist. Ob das, was du sagst, wirklich von Wert ist. Wenn du dort bist, um deiner Bestimmung zu dienen, und du hart dafür gearbeitet hast, dann ist dein Beitrag natürlich wertvoll. Selbst wenn du nicht immer recht hast, ist das, was du sagst ehrlich, und es ist einzigartig. Und das ist immer wertvoll.«

Sowohl Vivienne als auch Stephanie haben offen über ihre persönlichen Erfahrungen gesprochen und darüber, dass schwere Zeiten ihnen dabei geholfen haben, die eigene Bestimmung im Leben zu finden. Wie Stephanie es formulierte: »Der Ursprung meiner Führungsqualitäten liegt in meinen Erfahrungen als Flüchtlingskind. Das war immer meine Hauptmotivation. Jeden Tag will ich mir selbst beweisen, dass mein Leben es wert war, gerettet zu werden. Ich will jeden meiner Tage mit sinnvollen Aktivitäten füllen.«

Vivienne durchlebte mit Anfang zwanzig eine tiefe Krise. Damals war sie obdachlos und suizidgefährdet. Zum Glück kam ihr rechtzeitig die Erkenntnis, dass sie eine Chance verschwenden würde, wenn sie sich das Leben nähme. Eine Chance, die jedem Menschen gegeben wird: dazu beizutragen, die Welt besser zu machen. So kehrte sie an die Uni zurück und schloss ihr Studium ab.

Aber keine Sorge: Nicht jede*r von uns muss durch eine tiefe Krise gehen, um das eigene Lebensziel, die eigene Bestimmung zu finden. Wir können unsere Kraft aus dem ziehen, was uns das stärkste Gefühl von Sinnhaftigkeit und Erfüllung gibt. Und wir sollten unser Bestes geben, um unsere Arbeit damit in Einklang zu bringen. Sowohl Stephanie als auch Vivienne haben eine tiefe Beziehung zu sich, die aber nicht auf Geltungsbedürfnis gründet, sondern auf Selbsterkenntnis. Und dies gab beiden das Vertrauen, die Resilienz und das Durchhaltevermögen, die nicht nur nötig sind, um erfolgreiche Firmen zu gründen und zu leiten, sondern auch, um dies auf eine Art zu tun, die der Menschheit nützt. Was würde wohl passieren, wenn Führungskräfte in »konventionelleren« Unternehmen diese Suche nach Sinnhaftigkeit und Selbstwirksamkeit über die Maximierung des Profits stellen würden?

Wie erkenne ich, ob mein Selbstbewusstsein von meinem Ego oder von meinem Purpose gesteuert wird?

Wirklich und wahrhaftig zu verstehen, welche Rolle das Ego bei Entscheidungsprozessen und dem eigenen Verhalten spielt – und es zu zähmen –, ist ein langer und schwieriger

Prozess. Wir selbst sind noch lange nicht am Ende angekommen. Aber zumindest können wir diese Spannung in uns selbst erkennen und versuchen, sie unter Kontrolle zu bringen. Hier sind ein paar Szenarien, die ein übersteigertes Ego in Aktion zeigen. Kommt dir etwas davon bekannt vor?

- Ertappst du dich manchmal bei dem Gedanken, dass du, bei aller Wertschätzung für deine Mitarbeiter*innen, am Ende des Tages die besten Entscheidungen für dein Unternehmen triffst? Ja? Hier spricht dein Ego. Wir Menschen tendieren dazu, Andersartigkeit erst einmal abzulehnen, denn Konformität ist für uns der einfachere Weg. Die Wahrheit ist, dass jeder Mensch Fähigkeiten hat: In manchen Dingen sind wir gut, in anderen nicht, und das gilt auch für dich. Deine eigenen Stärken und Schwächen zu kennen und im besten Fall auch artikulieren zu können, ist eine entscheidende Voraussetzung, um als Unternehmen kompetenzbasiert zu arbeiten und unterschiedliche Perspektiven und Fähigkeiten so einzubinden, dass eine innovative Arbeitskultur entsteht.
- Glaubst du, als Gründer*in im Zentrum aller Gespräche über deine Marke oder dein Produkt stehen zu müssen? Obwohl, wenn du ehrlich bist, deine Mitgründer*innen oder andere Mitarbeiter*innen des Teams vielleicht besser dazu geeignet sind? Hier spricht dein Ego.
- Fällt es dir schwer, Leute einzustellen, die älter oder erfahrener sind als du selbst? Hier spricht dein Ego.
- Fällt es dir schwer, um Hilfe zu bitten? Hier spricht dein Ego.
- Bist du oft frustriert, weil du das Gefühl hast, dein Team geht immer noch davon aus, dass du die wichtigen Entscheidungen triffst, obwohl du die Verantwortung doch

längst an die Belegschaft abgegeben hast? Hier spricht dein Ego. (Wahrscheinlich hast du deinem Team die Verantwortung gar nicht wirklich übertragen.)

- Stellst du nur ungern deine Erfolge heraus, weil du befürchtest, arrogant zu wirken? Ja, auch hier spricht dein Ego. Denn ist dein Purpose deine treibende Kraft, so sollte es dir nicht so wichtig sein, was andere von dir denken.

- Findest du es unfair, dass du als »gute Chef*in« deine Angestellten wertschätzen und sie für ihre Arbeit loben sollst, während du für deine eigene Arbeit nicht dasselbe Feedback bekommst? Hier spricht dein Ego. Die natürliche Hierarchie zwischen Gründer*innen und Angestellten in Unternehmen, egal wie progressiv sie sind, führt oft dazu, dass Mitarbeiter*innen sich nicht in der Position sehen, ihren Chef*innen zu sagen, dass sie ihren Job gut machen. Wenn du in deiner Firma eine Kultur der Wertschätzung förderst und deine Angestellten irgendwann Lob äußern, wunderbar! Aber du solltest darauf achten, dich von dieser Wertschätzung nicht abhängig zu machen, sondern das Vertrauen in deine Arbeit aus dir selbst zu ziehen.

- Vermeidest du es, deine Angestellten um Feedback zu bitten, weil du glaubst, sie würden die Komplexität deiner Arbeit ohnehin nicht verstehen? Hier spricht wieder einmal dein Ego.

- Hältst du dich für die geborene Chef*in? Auch hier spricht dein Ego.

Der Wunsch, authentisches Selbstvertrauen zu empfinden und auszustrahlen, hat in uns beiden viel bewegt. In den ersten Jahren als Gründerinnen hatten wir oft das Gefühl, zwischen lähmender Unsicherheit und übertriebener Selbstsicherheit oder sogar Arroganz hin und her zu pendeln. Coaching und Therapie helfen uns dabei, bessere Führungskräfte zu werden, indem wir Sicherheit in uns selbst finden.

Ich hatte schon immer große Probleme damit, Fehler zu machen. Das hatte mit meiner tiefen Angst zu tun, nicht perfekt zu sein. Ich habe keine Ahnung, woher dieser Anspruch kommt, aber ich sehe ihn bei vielen Frauen um mich herum. Das Dumme an Perfektion ist, dass sie unerreichbar ist. Mein Perfektionismus machte mich weder glücklich, noch verbesserte er die Qualität meiner Arbeit. Er ließ mich nur an mir selbst zweifeln und schürte meine Unsicherheit. Vor allem, weil ich immer schon viele Überflieger*innen in meinem Umfeld hatte. Auch als ich Folkdays gründete, hatte ich große Angst, Fehler zu machen. Also vermied ich es, mir Feedback von meinen Mitarbeiter*innen einzuholen, denn ich befürchtete, mit meinen Schwächen konfrontiert zu werden. Aber als sich die Situation zwischen mir und einer Mitarbeiterin immer weiter zuspitzte, musste ich handeln. Mein Coach half mir dabei, regelmäßige Feedback-Sessions für mich und mein Team einzuführen. Anfangs war ich vor jeder einzelnen Sitzung extrem nervös. Doch langsam gewöhnte ich mich daran, und ich schaffte es, diese Sitzungen als Chance zu begreifen. Ich begann, immer offener mit meinen

Fehlern umzugehen, und spürte, wie diese Einstellung auch mein Team erfasste. Heute kann ich sagen: Ich mache ständig Fehler, und das ist auch gut so, denn Fehler sind Teil eines Lernprozesses und gehören zum Fortschritt dazu.

Indem wir in unser Selbst investieren und innere Arbeit leisten, lernen wir langsam, aber sicher, uns besser zu verstehen. Diese Selbsterkenntnis erlaubt es, dass wir unsere Schwächen benennen und akzeptieren, unsere Stärken identifizieren und fördern und unsere Firma mit unserem wahren Lebensziel in Einklang bringen. So dürfen wir darauf hoffen, dass wir die bestmögliche Version unserer selbst werden können – vielleicht sogar in Lebensbereichen, die über die eigene Arbeit hinausgehen.

Kapitel 4

Ein rebellischer Zugang zu Organisationsstrukturen

»Ich betrachte mich selbst als Knotenpunkt in einem Netzwerk von Menschen und nicht als Spitze der Pyramide.«
STEPHANIE

Traditionell sind Firmen oft hierarchisch strukturiert. Der Einfluss der einzelnen Person bemisst sich meist an der Dauer der Betriebszugehörigkeit. Daraus folgt, dass die Firmenmitglieder mit der größten Erfahrung strategische Entscheidungen treffen und diese nach unten, an die Mitglieder ihrer Teams, weitergeben. Manchmal gibt es außerdem eine mittlere Führungsebene, aber das ändert nichts daran, dass heute so gut wie alle Angestellten von anderen gesagt bekommen, was sie zu tun haben. Dies hat nicht nur organisatorische, sondern auch juristische Gründe. In den meisten Rechtssystemen muss ein Unternehmen eine oder mehrere Personen – wie zum Beispiel Geschäftsführer*innen – ernennen, die juristisch für das Unternehmen verantwortlich sind. Daraus folgt meist, dass diese Person auch den Großteil der Entscheidungen trifft. Verantwortlichkeit entspricht Rechenschaftspflicht, und diese entspricht Einfluss und Macht.

Dieses Modell verändert sich im Investment-Kontext. Da viele Start-ups innovative Technologien einsetzen und neuartige Geschäftsmodelle praktizieren, können sie sich oft nicht auf Privatkapital oder Bankkredite verlassen, sondern müssen von Risikokapitalgebern finanziert werden. Doch dieses Geld hat einen hohen Preis. Risikokapitalgeber erwerben meist beträchtliche Anteile an einer Firma, was ihnen Stimmrechte gibt, obwohl sie operativ nicht involviert sind. Dies kann zu einer Entkoppelung zwischen Mitarbeiter*innen und jenen führen, die die Strategie vorgeben. Es erhöht außerdem den Druck auf die Gründer*innen, Entscheidungen zu treffen, mit denen die Investor*innen einverstanden sind – was oft kurzfristige Umsatzmaximierung bedeutet, die Firma für einen möglichen Verkauf attraktiv zu machen oder einen Börsengang zum höchsten Marktwert ermöglichen soll. Wenn langfristiger Erfolg des Unternehmens nicht mehr im Vordergrund steht, ist das für alle Mitarbeiter*innen eine frustrierende Situation, die nicht selten zu kurzsichtigen Business-Entscheidungen und im schlimmsten Fall zu Zusammenbrüchen und Burn-outs führt.

Natürlich kann man einwenden: »So läuft's im Business halt. So war es schon immer, und so wird es auch bleiben.« Aber ist das wirklich so? Eigentlich nicht: Den Verfassungen der Bundesrepublik Deutschland und des Freistaates Bayern zufolge steht der Mensch im Zentrum allen Wirtschaftens. In Artikel 14 des deutschen Grundgesetzes ist zu lesen: »Eigentum verpflichtet. Sein Gebrauch soll zugleich dem Wohl der Allgemeinheit dienen.«[16] »Die gesamte wirtschaftliche Tätigkeit dient dem Gemeinwohl«, heißt es etwa in Artikel 151 der bayerischen Verfassung. Und kurz darauf: »Kapitalbildung ist nicht Selbstzweck, sondern Mittel zur Entfaltung der Volkswirtschaft.« (Art. 157).

US-amerikanische Firmen begannen erst in den 1970er-Jahren, dem Unternehmenswert höchste Priorität einzuräumen.[17] Wie der Wirtschaftsjournalist John Cassidy im *New Yorker* schreibt, betrachteten es »historisch gesehen viele CEOs als ihre Hauptaufgabe, das Wohlergehen ihrer Angestellten und Kunden sicherzustellen. Solange die Firma jedes Jahr einen anständigen Profit abwarf und die Dividende für die Aktionäre stieg, galt dies als gut genug.«[18]

Es waren Menschen wie der Wirtschaftswissenschaftler Milton Friedman, u.a. Berater von Margaret Thatcher und Ronald Reagan, die in den 1970ern dazu beitrugen, dass sich die Vorstellung verfestigte, Profitsteigerung sei das wichtigste Ziel einer Firma.[19]

Alles auf den Kopf stellen und das Innerste nach außen kehren

Lange haben wir beide traditionell hierarchische Firmen geleitet – vor allem deshalb, weil wir in den ersten Jahren einfach nicht die Nerven hatten, über Alternativen nachzudenken. Besonders inspirierend war für uns, wie Joana ihre Organisation von einer hierarchischen in eine selbst organisierte Struktur überführt hat. Doch auch die anderen Revolutionärinnen haben gezeigt, dass es möglich ist, hierarchisch strukturierte Unternehmen zu leiten und trotzdem die Menschen – Mitarbeiter*innen, Kund*innen, Gründer*innen und Investor*innen – gleichberechtigt ins Zentrum des Geschäfts zu stellen. Das erreichen sie durch sehr individuelle Ansätze wie visionäre Führung, Mitarbeiter*innenbeteiligung oder auch durch radikales Umdenken von Arbeitsplatzorganisation.

Die gute Nachricht ist: Letztendlich ist es gar nicht so wichtig, ob man sich für ein komplett selbst organisiertes oder ein hierarchisches Firmenmodell oder irgendetwas dazwischen entscheidet. Solange man daran arbeitet, sich selbst zu verstehen und weiterzuentwickeln – und dies auch anderen ermöglicht –, kann man eine Firma aufbauen, die den Menschen im Mittelpunkt sieht.

Wahrscheinlich werden manche Unternehmensformen besser zu dir persönlich oder zu deinem Business-Modell passen als andere. Während Joana mit ihrer selbst organisierten Firma eine radikale Alternative zur traditionellen Organisationsstruktur schuf, zeigten unsere Gespräche mit Vivienne, Anna und Stephanie, dass auch im traditionell hierarchischen Modell revolutionäre Schritte möglich sind: Für ihre Angestellten schufen sie einen Rahmen, in dem diese bestmöglich ihre Arbeit leisten können, wovon dann wiederum sowohl Mitarbeiter*innen als auch Gründer*innen profitierten – in finanzieller Hinsicht und durch ein tiefes Gefühl der Zufriedenheit. Dies sind die Themen, die wir in diesem Kapitel behandeln.

Selbstorganisation

»Mich interessiert besonders, wie wir von einem hierarchischen Befehls- und Kontrollmodell zu einem flüssigeren, selbst organisierten Modell gelangen können.«
Joana

Unter den Frauen, die wir interviewt haben, steht Joana für die revolutionärste Betriebsstruktur. Sie nennt Frederic Laloux' Buch »Reinventing Organisations« als eine ihrer wichtigsten Inspirationsquellen auf dem Weg dahin, Arbeitsorganisation radikal neu zu denken. Nicht alles

schien ihr gleichermaßen sinnvoll, doch am Ende hatte
sie eine einzigartige Struktur für ihr Unternehmen gefunden.

Das Buch »Reinventing Organisations. Ein Leitfaden zur
Gestaltung sinnstiftender Formen der Zusammenarbeit« des
»New Work«-Pioniers Frederic Laloux gilt weithin als eines
der bahnbrechenden Management- und Führungsstil-Bücher
des vergangenen Jahrzehnts. Es hat Hunderte, wahrscheinlich
Tausende von Organisationen rund um den Globus dazu inspiriert, mit alten Traditionen zu brechen und völlig neue Management-Prinzipien und Praktiken einzuführen.[20] Der ehemalige
McKinsey-Berater erklärt darin, dass die Gesellschaft gerade dabei
sei, in das nächsthöhere Stadium des menschlichen Bewusstseins
einzutreten. Ein Stadium, das mit der Selbstverwirklichungsstufe
der Maslow'schen Bedürfnishierarchie korrespondiert. Nach dem
Psychologen Abraham Maslow lassen sich unsere menschlichen
Bedürfnisse in Form einer Pyramide darstellen: Die höchste
Priorität haben dabei physiologische Bedürfnisse wie Hunger und
Schlaf, danach kommen Sicherheitsbedürfnisse (Arbeit, Wohnung
usw.), soziale Bedürfnisse (Partner*in, Freunde, Familie usw.),
dann individuelle Bedürfnisse wie Anerkennung und Geltung und
zu guter Letzt das Bedürfnis nach Selbstverwirklichung. Laloux'
Ansatz zielt auf die letzte Stufe ab und versucht dies mithilfe von
drei neuen Prinzipien des Arbeitens:

> **Selbstmanagement:** Organisationen werden statt durch
> Hierarchie oder Konsens durch kollegiale Beziehungen
> gesteuert.

Ganzheitlichkeit: Mitarbeiter bringen ihr ganzes Selbst zur Arbeit mit, statt im Beruf eine Maske zu tragen.

Evolutionärer Zweck: Organisationen operieren als »lebendige Systeme« mit Zielsetzungen, und die Mitarbeiter sind dazu eingeladen, ihre persönliche Berufung mit dem Sinn und Zweck der Organisation in Einklang zu bringen.[21]

Laloux führt in seinem Buch aus, dass vor allem Firmen, deren Organisationsmodell auf Selbstmanagement, Mitarbeiterstärkung und auf einem sinnstiftenden Zweck basiert, auf dem Arbeitsmarkt der Zukunft Erfolg haben werden. Er verweist auf Brian Robertsons Konzept der Holokratie: In dem bislang am breitesten rezipierten System von Selbstmanagement und Organisationsführung werden Autorität und Entscheidungsfindung auf eine Holarchie selbst organisierter Teams verteilt – und nicht mehr von einer herkömmlichen Management-Hierarchie gesteuert.[22] Holokratie wurde bereits von vielen gewinnorientierten wie gemeinnützigen Organisationen in den verschiedensten Ländern angewendet.[23]

Sowohl Laloux als auch Robertson wurden dafür kritisiert, dass ihre Organisationsmodelle zu komplex und für Territorialkämpfe anfällig seien, dass Angestellte den Anschluss verlieren, Entscheidungsfindungen behindern und nicht ausreichend Kundenorientierung aufweisen würden.[24]

Die beiden Autoren halten dagegen, dass der Wechsel zu einem holokratischen Modell eine Lernkurve darstelle und nicht bedeute, alle Strukturen gleichzeitig über Bord zu werfen. Die Einführung eines Selbstmanagement-Modells erfordert die zwischenmenschliche Auseinandersetzung und das Neu-Lernen von unterschiedlichen Prozessen (die »innere Arbeit«, von der Joana spricht). Wenn aber die Organisationen es schaffen, sich intern neu zu vernetzen und sich in der zwischenmenschlichen Zusammenarbeit auf Stärken und Authentizität zu konzentrieren, so führt das letztendlich nicht nur zu hoch engagierten Angestellten, sondern auch zum unternehmerischen Erfolg.[25]

Als Joana beschloss, ihr Unternehmen umzustrukturieren, hatte sie zwei sehr unterschiedliche Beweggründe dafür: Schon lange hatte sie den Wunsch gehegt, ein organisatorisches Fundament für innovativeres Arbeiten zu schaffen. Gleichzeitig verstärkten gesundheitliche Gründe ihren Wunsch, sich stärker aus dem Betriebsalltag ihrer Firma zurückzuziehen. Deshalb entschied sie sich für ein Selbstorganisationsmodell. Anfangs blieb sie offiziell CEO, reduzierte ihre Arbeitszeit aber drastisch. Inzwischen hat sie sich komplett zurückgezogen. Wenn betterplace lab rein rechtlich auch ohne CEO operieren dürfte, gäbe es diesen Posten nicht mehr, sagt Joana. Da das aber nicht möglich ist, gibt es diese Position formell noch, die Geschäftsführerin verfügt aber über keinerlei Machtbefugnisse, Rechte oder Verantwortlichkeiten gegenüber dem Mitarbeiter*innen-Team, obwohl sie juristisch formal verantwortlich ist. Das Team arbeitet vollständig autonom, trifft gemeinsam strategische Entscheidungen, schreibt Mitgliedern (temporäre) Rollen auf Projektbasis zu, bestimmt die eigenen Gehälter und das Jahresbudget, übernimmt als Team die Einstellung (und Kündigung) von Mitarbeiter*innen. Somit operiert die Firma nicht vollständig hierarchiefrei, sondern nutzt ein temporäres und kompetenzbasiertes hierarchisches Modell.

Für Joana war es kein leichtes Unterfangen, von einer gründer*innengeführten Firma zu einer selbst organisierten Struktur überzugehen. Zuvor hatte sie Vollzeit gearbeitet, nun reduzierte sie ihre Arbeitszeit auf zunächst acht, dann auf vier Tage im Monat. In der Anfangsphase waren ihre

Mitarbeiter*innen ängstlich und unsicher, und es fiel ihnen schwer, ihre Arbeit »ohne« Joana zu gestalten. Sie waren es gewohnt, dass Joana ihnen als CEO Sicherheit und Stabilität vermittelte – die sie brauchten, um gute Leistungen zu erbringen. Als sich Joana langsam zurückzog, fehlte diese Sicherheit auf einmal. Doch nach und nach lernten die Mitarbeiter*innen, diese Stabilität in sich selbst zu finden und zu entwickeln. Es dauerte zweieinhalb Jahre, bis alle Mitarbeiter*innen sich von alten Mechanismen lösen konnten und selbst aktiv wurden.

Joana erklärt diesen Prozess wie folgt: »Wenn äußere Strukturen und Hierarchien wegfallen, reagieren die Menschen mit Unsicherheit, Angst, Orientierungsverlust und Lähmung. Um sich selbst Sicherheit zu geben, suchen sie nach Kompromissen. Sehr sicher, und sehr langweilig. In einer solchen Umgebung lässt sich weder Diversität noch Exzellenz erreichen. Also muss man die inneren Strukturen stärken. Neue Führungsmodelle erfordern, dass wir psychisch reifer werden, auf menschliche Art. Man muss an einen Punkt gelangen, an dem man seine eigenen Fähigkeiten und die Fähigkeiten anderer ehrlich einschätzen und offen darüber sprechen kann – was manchmal schmerzhaft ist.«

Ein selbst organisiertes Team arbeitet also nur dann gut, wenn seine Mitglieder bereit sind, eine beträchtliche Menge »innere Arbeit« zu leisten. Zum einen müssen sie lernen, sich selbst zu führen. Jede Mitarbeiter*in muss ein genaues Verständnis von sich selbst, den eigenen Stärken und Schwächen sowie der eigenen Bestimmung haben. Sie muss aber auch dazu in der Lage sein, dies zu kommunizieren und darüber mit anderen zu verhandeln. Die Beziehungen zwischen Mitarbeiter*innen müssen somit eine ganz andere Qualität und

Intensität haben, als das im hierarchischen Kontext nötig wäre.

Dieses Maß an Selbst- und Fremdwahrnehmung ist jedoch für viele neu und muss gelernt werden. Schriftliches und mündliches Feedback zwischen Teammitgliedern kann verletzend sein, selbst wenn es gemäß den Methoden der Gewaltfreien Kommunikation gegeben wird.

KURZ UND GUT: GEWALTFREIE KOMMUNIKATION

Die meisten von uns wurden von klein auf dazu erzogen, nach den Kategorien »richtig« oder »falsch« zu urteilen, zu konkurrieren, zu fordern, zu diagnostizieren – was mitunter zu unnötigen Konflikten führen kann. Der Psychologe Dr. Marshall Rosenberg, der im von Unruhen geprägten Detroit der 1960er-Jahre aufwuchs, interessierte sich für neue Formen der Kommunikation, die eine friedliche Alternative zu der Gewalt bieten konnten, die ihm im Leben begegnete. Er suchte nach Möglichkeiten des Austauschs, die auf Mitgefühl und Zusammenarbeit statt auf Konkurrenz und Gewalt basierten, und so entstand das Konzept der Gewaltfreien Kommunikation (GFK).[26]

Gewaltfreie Kommunikation beruht auf der Annahme, Menschen seien von Natur aus mitfühlend. Gewaltsame Strategien seien angelernte Verhaltensweisen, die von der herrschenden Kultur gelehrt und unterstützt würden. Auf sie fallen wir zurück, wenn wir keine effektiveren Strategien zur Bedürfnisbefriedigung erkennen können.[27] Um gewaltfrei zu kommunizieren, müssen wir also zu unserer mitfühlenden Natur zurückfinden. Wir müssen aufhören, Dinge persönlich zu nehmen und auf Menschen und Probleme defensiv oder passiv-aggressiv zu reagieren. Klar, das ist leichter gesagt als getan, besonders in Stresssituationen.

Die Gewaltfreie Kommunikation ist eine Methode des konstruktiven Feedbacks. Rosenberg betont ausdrücklich, dass negatives Feedback zu geben oder zu empfangen zu den schwierigsten und stressigsten Interaktionen am Arbeitsplatz gehört. Für einen erfolgreichen Feedbackprozess ist daher eine klare, positive und eindeutige Sprache ohne Schuldzuweisungen unerlässlich.[28]

Die vier Schritte der GFK sind Beobachtung, Gefühl, Bedürfnis, Bitte:

1. Versuche, auf Bewertungen zu verzichten. Es geht nicht um die Person selbst, sondern ihr beobachtbares Verhalten. Daher ist Feedback, das mit den Worten »DU solltest...« beginnt, meist kontraproduktiv, denn es kritisiert die Person, anstatt eine Diskussion über ihr Verhalten anzustoßen.

Beispiel: »Ich habe gesehen, dass du zu den Meetings, die ich einberufen habe, ein paar Mal zu spät gekommen bist. Stimmt das?«, statt zu sagen: »Du bist zu meinen Meetings zu spät gekommen.«

2. Verbinde deine Beobachtungen mit deinen Gefühlen. Dieser Schritt ist zentral, um ein integrativeres Diskussionsklima zu schaffen. Statt dein Gegenüber zu kritisieren, berichte, was sein Verhalten in dir ausgelöst hat.

Beispiel: »Ich fühle mich respektlos behandelt und bin enttäuscht, wenn du nicht von Anfang an dabei bist.«

3. Äußere deine Bedürfnisse, die im Zusammenhang mit einem Anliegen stehen. Indem du mitteilst, was du dir wünschst, schaffst du Klarheit und gibst dem anderen die Möglichkeit, zur Problemlösung beizutragen.

Beispiel: »Damit ich ein effizientes und gutes Meeting durchführen kann, ist es wichtig, dass alle pünktlich erscheinen.«

4. Bitte dein Gegenüber, sein Verhalten zu ändern – jedoch nur, sofern es selbst einverstanden ist. Es geht darum, ein offenes und empathisches Verhältnis zu pflegen.

Beispiel: »Ich fände es gut, wenn du in Zukunft pünktlich kommen würdest. Glaubst du, das ist möglich? Oder gibt es einen Grund für dein Zuspätkommen, über den du mit mir sprechen möchtest?«

Joana sagte sehr deutlich, dass Selbstorganisationsformen nicht für alle Mitarbeiter*innen und Organisationen geeignet seien. Es gebe bestimmte, streng regulierte Strukturen – zum Beispiel sicherheitssensible Fluggesellschaften und Ministerien –, in denen eine auf Rang basierende hierarchische Struktur unabdingbar ist. »Jede Firma trägt den energetischen Stempel ihrer Gründer*in, und das beeinflusst ihre Entwicklung und ihre Werte. Das selbst organisierte Modell funktioniert am besten in Organisationen, in denen jede Mitarbeiter*in dazu aufgerufen ist, auch Unternehmer*in zu sein. Es funktioniert auch, wenn man sehr genau weiß, was jede einzelne Mitarbeiter*in braucht und wozu sie fähig ist. Man braucht also keine rangbasierte, sondern eine kompetenzbasierte Hierarchie. Man muss bei und mit den Mitarbeiter*innen anfangen, vor allem damit, was sie leisten und wohin sie gehen wollen. Nötig ist eine sehr klare gemeinsame Vision davon, was man erreichen will.«

Hierarchie trifft visionären Führungsstil

»Meine Aufgabe als Chefin ist das Warum. Wenn ich mich in das Was und das Wie einmische – dann habe ich, um ehrlich zu sein, versagt.«
Vivienne

Wie die meisten unserer Revolutionärinnen leitet Vivienne eine hierarchische Organisation. Anstatt ihren Mitarbeiter*innen zu sagen, was sie tun sollen, sieht Vivienne ihre Hauptaufgabe als Chefin darin, aus allen Teammitgliedern das größte Potenzial herauszukitzeln und sie dabei zu unterstützen, die eigene Bestimmung zu finden.

»In meiner Firma wartet niemand mehr darauf, dass ich sage, was getan werden soll. Sie widersprechen mir, wenn sie wirklich das Gefühl haben, dass ich falsch liege. Vergeude meine Zeit nicht, wenn du selbst falsch liegst, aber friss nicht heimlich Zweifel in dich hinein, und sag mir nichts davon, ist meine Devise. Viele trainieren ihre Arbeitskräfte darauf, nie den Mund aufzumachen, und das müssen wir ändern. Frauen wird das noch mehr eingebläut als Männern. Mach dich klein, sei ruhig, schwimm mit dem Strom. Eine visionäre Chef*in stellt sich vor ihr Team und sagt: Dort wollen wir hin. Der Weg zum Ziel ist komplex und chaotisch, und um es zu erreichen, brauchen wir Leute, die für das einzustehen bereit sind, woran sie glauben. Aber auch dazu, Opfer zu bringen. Man muss sowohl dickköpfig als auch bescheiden sein können. Ich bin weder eine Mutter noch ein Warlord. Aber der Mutter wahrscheinlich noch am nächsten. Man lernt zu erkennen, welchen Beitrag man selbst leistet, und man lernt zu erkennen, welchen Beitrag andere leisten. Es ist die Aufgabe von uns allen, die jeweiligen Beiträge in das Ganze zu integrieren. Das ist nicht einfach. Als Chefin kannst du nur mit gutem Beispiel vorangehen. Sei ein Vorbild, und gib zu, wenn du unrecht hast. Sei ein Vorbild, und gestehe ein, dass etwas, wofür du verantwortlich warst, nicht funktioniert hat. Und erkenne die Leistungen anderer an.«

Auch Ida hat sich gegen die Selbstorganisation entschieden und führt ihre Firma mit visionärem Führungsstil, der Viviennes Modell sehr ähnelt. »Persönlich sind mir flache Strukturen viel lieber, aber meiner Erfahrung nach ist es ehrlich gesagt ziemlich schwierig, das umzusetzen. Wenn man will, dass Leute sich selbst organisieren, braucht man Mitarbeiter*innen mit extrem hoher emotionaler Intelligenz. Alle müssen ein hohes Maß an kontextuellem Verständnis aufbringen, und die Kommunikation muss ganz offen fließen können. Wenn die Firma wächst, wird das immer schwieriger, da eine größere Anzahl Menschen auch die Komplexität erhöht. Um eine solche Organisation fit zu machen, muss man sie sehr engmaschig betreuen, was wiederum eine ganz andere Art von Führungsstil erfordert. Ganz zu schweigen davon, dass auch noch Vermittler*innen, Coaches und Trainer*innen ins Boot geholt werden müssen. Irgendwann wird das kontraproduktiv, weil man schließlich nicht seine ganze Zeit und Energie darauf verwenden will, eine Firma zu entwickeln, sondern ein Produkt.«

Trotzdem sieht Ida eine Menge Gemeinsamkeiten zwischen ihrer Firma und einer selbst organisierten: »Ich würde sagen, dass unsere Struktur auf dem Papier zwar ziemlich traditionell aussieht, wir aber einiges anders machen. Bei Meetings wollen wir von allen Input bekommen, und es ist wirklich vollkommen egal, woher die guten Ideen kommen. Ich glaube, wir sind ziemlich unhierarchisch in der Art, wie wir zusammenarbeiten, aber doch eher traditionell, was die Verantwortlichkeiten angeht.«

Was genau unterscheidet Idas Team dann von anderen hierarchischen Firmen? »Für mich ist der Unterschied zwischen Leadership und Management der, dass ein Leader hauptsächlich über das Warum redet. Und der Manager sich mehr mit dem Wie beschäftigt. Und ich bin definitiv mehr Leader als Manager. Nicht, weil ich Leuten besonders gerne sage, was sie zu tun haben. Aber ich empfinde es als ungeheures Privileg, eine Idee zu haben und dann andere Menschen dazu zu inspirieren, diese Idee Wirklichkeit werden zu lassen. [...] Ich bin definitiv eine Warum-Chefin – und ich habe sehr zu schätzen gelernt, dass ich Menschen um mich herum habe, die Wie-Personen sind. Natürlich braucht man Mitarbeiter*innen, die sehr präzise arbeiten und genau wissen, was wir machen, wie wir es machen und wer wir sind. Und ich genieße es, dass ich diesen Menschen mein Vertrauen schenken kann und dann sehe, wie gut sie in einigen Bereichen sind, in denen ich es nicht bin. Ich versuche, ihnen nicht in die Quere zu kommen, sie aber zu unterstützen, so gut ich kann.«

Wenn man bedenkt, dass Stephanie ihre Firma in einer ganz anderen Zeit geleitet hat, ist es umso erstaunlicher, wie sehr sie sich genau derselben Idee von visionärem Führungs- stil verschrieben hat: »Ich versuche, eine visionäre Chefin, ein Leader, zu sein. Ich will nach vorne blicken und sagen, dort sollten wir meiner Meinung nach hin – und wenn ihr mir zustimmt, dann kommt mit. Das ist ein viel weicherer Stil. Ich zeige euch den Weg, aber ich habe selbst nicht alle Fähigkeiten, um dorthin zu gelangen – wissend, dass die gegenseitige Abhängigkeit zwischen meinen Mitarbeiter*in- nen und mir groß ist. [...] Und dann schaue ich nach vorne und frage mich, wo wollen wir in fünf Jahren stehen? Nicht nächstes Quartal, nicht nächsten Monat, aber wir werden darauf hinarbeiten. Was genau wollen wir sein, und warum tun wir das, was wir tun?«

Hierarchie und Mitarbeiter*innenbeteiligung

»Meiner Meinung nach sollten Menschen nicht nur die Risiken des Geschäfts mittragen, sondern auch an den Erfolgen teilhaben – und am Unternehmenswert.«
STEPHANIE

Als Stephanie in den 1960er-Jahren ihre Firma gründete, war das traditionelle Modell eines hierarchisch strukturierten Unternehmens das einzige Beispiel, an dem man sich orientieren konnte. Aber obwohl ihre Firma in vielerlei Hinsicht traditionell war, galt das für sie selbst ganz und gar nicht. Tatsächlich ist ihre Herangehensweise auch nach heutigen Standards so radikal, dass wir manchmal unseren Ohren nicht trauten.

Die Struktur von Stephanies Unternehmen änderte sich im Laufe der Jahre extrem. »Die Firma begann wie eine klassische Pyramide zu wachsen. Irgendwann kamen wir an einen Punkt, da lagen sieben Führungsebenen zwischen mir und der einzelnen Programmiererin, die den Code schrieb. Sieben Ebenen! In der katholischen Kirche liegen sieben Ebenen zwischen dem Individuum und dem Papst. Oder sogar Gott? Auf jeden Fall wurde mir klar, dass das absurd war. Also änderten wir den Ansatz von Management zu Leadership: Wir wollen uns als Unternehmen in diese Richtung entwickeln, und dies sind die Werte, die uns dabei helfen werden.«

Einige Grundpfeiler ihres neuen Modells standen schon sehr bald fest, und einer von ihnen war das Konzept der Mitarbeiter*innenbeteiligung. »Wir zahlten von Anfang an zweimal jährlich einen Bonus aus, einen vor Weihnachten und einen vor den Sommerferien. Er wurde anteilig zum

Verdienst jeder Einzelnen in den vergangenen sechs Monaten berechnet. Somit konnten wir sicher sein, dass wenn, die Gehälter ungefähr stimmten, dann würden auch die Boni ungefähr stimmen.«

Letzteres ist zentral: Es handelte sich um einen Firmenbonus, keinen individuellen. Wenn alle zusammen erfolgreich arbeiteten, dann hatte jede*r Einzelne etwas davon. Dies führte unweigerlich zur besseren Zusammenarbeit, die – wie auch Vivienne demonstriert hat – die Mitarbeiter*innen viel produktiver macht. Aber Stephanie war noch lange nicht fertig.

»Dann kam die Rezession in den 1970er-Jahren, und wir konnten keine Boni auszahlen. Ungefähr drei Jahre lang musste ich Briefe schreiben, in denen stand: Danke für Ihre Arbeit, leider gibt es diesmal keinen Bonus, hoffen wir, dass es besser wird. Das war mir ziemlich unangenehm. Aber dann begriff ich, dass solche Probleme sich von selbst lösen, wenn man die Inhaberschaft der Firma teilt. In einem guten Jahr gewannen alle, und in einem schlechten Jahr bekamen alle nichts. Dieses Konzept von Co-Eigentum entwickelte ich, weil ich wirklich daran glaubte. Und es hat sich als etwas sehr Positives herausgestellt. Ich empfehle es Firmen sehr. Schließlich waren ein Drittel aller Mitarbeiter*innen Anteilseigner*innen. Die Firma gehörte tatsächlich ihnen.«

Dieser Schritt wäre auch heute noch beachtlich, damals war er revolutionär. Obwohl viele Start-ups ihren Angestellten inzwischen Anteile überschreiben, sind es meistens nur sehr wenige, und dies wird vorwiegend als sogenannte Incentivierung eingesetzt. Stephanies Ansatz war völlig anders. Die Mitarbeiter*innenbeteiligung sollte zwar durchaus ein Anreiz sein, doch war das Vorhaben ursprünglich davon motiviert, Gleichberechtigung und Fairness herzustellen. Das machte die Sache so außergewöhnlich. Um dieses Ziel zu erreichen, war Stephanie bereit, ein gewaltiges Risiko einzugehen – die Entscheidungsmacht in die Hände der Angestellten zu legen, ist eine große Sache.

»Von Ende 1991 an wurde F International (wie die Firma später hieß) bei wichtigen Entscheidungen von der geballten Stimmmacht einzelner Mitarbeiter*innen und dem Shareholder's Trust, der allen Angestellten gehörte, kontrolliert. Mitarbeiter*innenbeteiligung war nicht mehr nur ein Schlagwort, denn diesen Angestellten gehörte die Firma. Nicht mir.«[29]

Mit der Umstrukturierung der Firma reichte Stephanie nicht nur Macht, sondern auch einen beträchtlichen Teil ihres persönlichen Vermögens weiter. Aber sie tat es leichten Herzens, weil sie wusste, dass es richtig war. Weniger leicht war es, ihren Vorstand und die britische Steuerbehörde zu überzeugen. Sie bezeichnet den gesamten Prozess als eine der größten Leistungen ihres Lebens.

KURZ UND GUT: PURPOSE COMPANIES

Im Kontext von zeitgenössischem Unternehmertum ist der sogenannte »Shareholder-Value-Ansatz«, der im Wesentlichen auf Profitmaximierung abzielt, ein großes Thema. Im Gegensatz dazu steht das »Stakeholder-Value-Konzept«, demzufolge alle in ein Unternehmen Involvierten vom Erfolg der Firma profitieren. Anteilseigner*innen gleichermaßen wie Mitarbeiter*innen.

Das Anliegen und Ziel der in Deutschland und den USA tätigen »Purpose Stiftung« ist das Entwickeln, Erforschen und Bekanntmachen neuer Eigentumsformen und alternativer Finanzierungsmodelle für Unternehmen. Ihrer Definition nach zeichnen sich »Purpose Companies« dadurch aus, dass diese zwar Anteilseigner*innen haben, sich jedoch in Verantwortungseigentum befinden – sie sind nicht verkäuflich. Der Einfluss der Mitarbeiter*innen wird zudem dadurch gesichert, dass nicht aktiv im Unternehmen tätige Anteilseigner*innen kein Stimmrecht erhalten. Indem die Purpose Stiftung offiziell mit einem Veto-Stimmrecht am Unternehmen beteiligt ist, kann sie einen potenziellen Verkauf verhindern. Purpose Companies gehen demzufolge eine rechtlich bindende Verpflichtung gegenüber ihren Mitarbeiter*innen und Kund*innen ein. Sie definieren die Firma damit als eine Gruppe von Menschen, die auf ein gemeinsames Ziel, einen »Purpose«, hinarbeitet – und nicht als Spekulationsobjekt dient.

Eine solche Haltung setzt zudem ein klares Statement: Gewinn ist Mittel zum Zweck und dient dem Sinn des Unternehmens, anstatt lediglich Einzelnen zugutezukommen. Weiterhin führt die Umverteilung von Macht, Besitz und Verantwortung dazu, dass Mitarbeiter*innen motivierter und zufriedener sind, was sich wiederum positiv auf die Qualität der Arbeit und somit den Erfolg des Unternehmens auswirkt. Als weitere Initiativen, die sich für alternative Wirtschaftsmodelle engagieren, sind unter anderem B Corps, Kreislaufwirtschaft und die Gemeinwohl-Ökonomie zu nennen.

Hierarchie trifft auf Homeoffice

Stephanies Revolution hörte nicht bei der Mitarbeiter*innenbeteiligung auf. Wesentlich für den Erfolg ihres Geschäfts war ein anderer Aspekt, der heute als eine Errungenschaft des »New Work« gilt und im Zuge der Corona-Krise landauf, landab zur Selbstverständlichkeit wurde: das Homeoffice. Als Stephanie ihre Software-Firma gründete, arbeitete sie von zu Hause aus – genau wie all ihre Programmiererinnen. Sie hatte die Firma nämlich in der Absicht gegründet, Frauen auf den Arbeitsmarkt zurückzuholen. Sie hatte festgestellt, dass viele gut ausgebildete Frauen der Familie wegen zu Hause bleiben mussten, und ermöglichte ihnen, den Job genau dort auszuüben. Per Telefon und Post übermittelten die Mitarbeiterinnen ihren Softwarecode an Stephanie, die ihn prüfte und zusammenfügte.

Stephanie zufolge war es eine große Herausforderung. Aber sie gab nicht auf, denn ihr Ziel war es, Diversität herzustellen – zu einer Zeit, als noch niemand etwas mit diesem Begriff anfangen konnte. Nach einiger Zeit begann sie, mehr und mehr Mitarbeiter*innen mit körperlichen Behinderungen einzustellen. Dies war keine zur Schau getragene Diversity-Agenda. Die Zahl der beschäftigten Frauen, die Zahl der eingestellten Menschen mit Behinderungen und die Zahl der verteilten Belegschaftsaktien gehörten zu ihren wichtigsten Leistungskennzahlen. Ohne es zu wissen und lange bevor das Konzept überhaupt existierte, hatte sie ein Sozialunternehmen gegründet.

50 Jahre später stand Anna Yona vor einem ganz ähnlichen Dilemma, als sie 2015 Wildling Shoes gründete. Obwohl Anna drei sehr kleine Kinder hatte, ließ sie sich von der Firmengründung nicht abschrecken, sondern fand eine gute Lösung: »Ich wusste, dass ich während der Arbeitswoche lange und intensiv arbeiten würde, und das machte das Homeoffice zur besten Lösung. Dann war ich zwar beschäftigt, aber wenigstens zu Hause. Mein Ehemann Ran kümmerte sich sehr viel um die Kinder, doch ich konnte mit ihnen zu Mittag essen, ihnen aufhelfen und sie trösten, wenn sie hinfielen, und das Baby stillen. Von zu Hause aus zu arbeiten war einfach nur logisch.«

Wenn es dabei nur um dich und vielleicht noch deine

Lebenspartner*in geht, klingt dieser Ansatz vernünftig und praktikabel. Aber was dann passierte, machte die Sache erst richtig interessant: »Als wir die ersten Mitarbeiter*innen einstellten, fragten wir uns, ob wir wirklich ein Büro mieten und alle zusammen dort arbeiten wollten. Ich sagte sofort Nein, ich will kein Büro, ich will da nicht hingehen müssen. Deshalb haben wir nur Mitarbeiter*innen eingestellt, die von zu Hause aus arbeiten. Und jetzt machen wir das alle so.«

Dies demonstriert unglaubliche Stärken: erstens eine sehr gute Intuition und den Mut, ihr zu folgen. Und zweitens ein tiefes Vertrauen und den festen Glauben an andere Menschen. Es war die richtige Entscheidung und hat der Firma enorme Vorteile gebracht. Noch heute kann Anna dadurch viele kompetente und engagierte junge Eltern einstellen, die auch deshalb so motiviert für die Firma arbeiten, weil sie ihnen eine Arbeitsweise ermöglicht, die genau auf ihren Lebensstil zugeschnitten ist. Ein Vorteil ist auch, dass die Firma nicht darauf beschränkt ist, Menschen aus einer bestimmten Stadt oder Region einzustellen. Annas Mitarbeiter*innen stammen aus ganz Deutschland, ja der ganzen Welt. Wenn eine Mitarbeiter*in aus familiären oder sonstigen Gründen umzieht, muss sie nicht kündigen, sondern kann genauso weitermachen wie bisher. Es spricht für Annas Unternehmenskultur, dass sie die einzige Gründerin ist, die von einer Mitarbeiterin für dieses Buch vorgeschlagen wurde.

Jedoch lief auch bei ihr nicht immer alles glatt. »Ende 2017 hatte Wildling ungefähr 20 Mitarbeiter*innen, und die Kommunikation zwischen uns lief problemlos und flüssig. Dann wurden wir größer, und uns fiel auf, dass vieles nicht mehr so gut funktionierte. Die Leute kommunizierten nicht mehr direkt miteinander, und irgendwie blieb es plötzlich an mir hängen, die Informationen von links nach rechts zu tragen.

Was bedeutete, dass ich immer daran schuld war, wenn Leute etwas nicht wussten, was sie eigentlich hätten wissen sollen. 2018 führten wir echte Management-Strukturen, Prozesse, Verantwortlichkeiten und Zuständigkeitsbereiche ein. Außerdem definierten wir unsere Vision und unsere Werte.«

Offensichtlich ist es mit gewissen Herausforderungen verbunden, wenn alle Mitarbeiter*innen ausschließlich im Homeoffice arbeiten. Anna ist dennoch davon überzeugt, dass Heimarbeit funktioniert, wenn die Prozesse und Strukturen stimmen. Inzwischen treffen sie und ihre Mitarbeiter*innen sich alle sechs Wochen persönlich. Während dieser zwei Tage konzentriert sich das Team auf »Abgleich, Richtungsgebung, Vision und Strukturen«. Die Firma hat eigens ein Anwesen auf dem Land gekauft und renoviert, wo diese Meetings stattfinden und wo die Mitarbeiter*innen das ganze Jahr über mit ihren Familien ein paar Tage Urlaub genießen können.

»Es stimmt, dass eine Menge verloren gehen kann, wenn man ausschließlich digital und virtuell miteinander kommuniziert. Manche Leute kommen sehr gut damit klar, und man hat das Gefühl, sich richtig gut zu kennen. Aber andere kämpfen mit dem digitalen Austausch, weil sie im realen Leben anders kommunizieren als online. Unsere Treffen helfen dabei, uns gegenseitig richtig kennenzulernen, und das hat sich wirklich positiv ausgewirkt. Anfangs war es schwierig, regelmäßig zusammenzukommen – vor allem für die vielen Mitarbeiter*innen, die Kinder haben –, aber irgendwie haben es alle geschafft. Manche bringen ihre Kinder oder ihre Hunde einfach mit. Es sind meistens sehr lebhafte und bunte Meetings, und dies hat das gesamte Team enger zusammengeschweißt. Mittlerweile haben sich Leute angefreundet, verreisen zusammen, besuchen einander. Und so haben wir trotz der Tatsache, dass alle zu Hause sitzen, wenn sie arbeiten, eine lustige, freundliche und familiäre Unternehmenskultur. Wir freuen uns immer darauf, einander wiederzusehen.«

Während unserer Gespräche mit Anna hatten wir das Gefühl, dass Wildling die Firma wäre, bei der wir gerne arbeiten würden, wenn wir nicht selbst Unternehmerinnen wären. Natürlich muss jede Firma Herausforderungen bewältigen, aber Wildlings Erfolgsstory ist bemerkenswert: Die Firma ist profitabel, selbst finanziert, komplett in Gründerinnenbesitz und beschäftigt nach nur vier Jahren mehr als 100 Mitarbeiter*innen. Das ist ziemlich beachtlich.

Dass alle unsere Revolutionärinnen an visionäre Führung glauben und diese auch praktizieren, ist ein ermutigender Kontrapunkt zur Dominanz traditionell hierarchischer Unternehmensstrukturen. Es mag nicht immer möglich oder nötig sein, vollständig auf Selbstorganisation umzusteigen – aber nur ein paar der Prinzipien zu übernehmen, kann ein bedeutender, manchmal sogar revolutionärer Schritt sein.

Wie genau man eine Kultur erschafft, die von Motivation und Zufriedenheit geprägt ist, behandeln wir im nächsten Kapitel – denn die Unternehmenskultur ist mitunter wichtiger als die Struktur, und auf jeden Fall wichtiger als die Strategie. Ein Wandel der Arbeitsplatzkultur kann auch ohne strukturellen Wandel stattfinden – kleine Veränderungen können große Auswirkungen haben.

Kapitel 5

Das Büro wachrütteln: Arbeitskultur neu denken

»Jemand hat mal gesagt: Die Unternehmenskultur frisst die Strategie zum Frühstück. Wenn du also nicht die richtige Arbeitskultur hast, ist es egal, wie toll deine Idee oder die Umsetzung ist, langfristig wirst du damit nicht erfolgreich sein.«
CATHERINE

Was macht eine erfolgreiche Unternehmer*in aus? Viele würden antworten: Entschlossenheit, strategisches Denken und Widerstandsfähigkeit. »Sie ist eine tolle Unternehmer*in, weil sie es geschafft hat, eine großartige Arbeitskultur zu etablieren«, hört man dagegen eher selten. Denn wie relevant die Arbeitskultur für den Erfolg eines Unternehmens ist, wird oft unterschätzt, sie gilt eher als »nice to have«. Wie heißt es so schön trügerisch?: »Gib ihnen Tischtennisplatten, dann sind alle glücklich.«

Die Berichte der Revolutionärinnen bestätigten unsere eigenen Erfahrungen als Gründerinnen: Eine Arbeitskultur, die den Menschen in den Mittelpunkt stellt, ist für den langfristigen Erfolg von Firmen essenziell. Belegen lässt sich das mit einer groß angelegten Studie, in der 95 US-amerikanische Unternehmen über sechs Jahre lang untersucht wurden: Dort führte eine offene und partizipative Arbeitskultur – gemessen am Grad der Mitwirkung von

Mitarbeiter*innen und einer klar formulierten Mission – zu einer 26 Prozent geringeren Personalfluktuation, doppelt so vielen Initiativbewerbungen, 20 Prozent weniger Fehlzeiten, 15 Prozent höherer Mitarbeiterproduktivität und 30 Prozent höherer Kundenzufriedenheit.[30]

Doch was *wir* unter einer guten Arbeitskultur verstehen, geht weit über die Ergebnisse dieser Studie hinaus: Stell dir vor, du springst morgens fröhlich aus dem Bett. Du kannst es kaum erwarten, zur Arbeit zu gehen, um deine Kolleg*innen zu treffen und dich in einem inspirierenden Umfeld mit Themen zu beschäftigen, die du interessant und wichtig findest. Obwohl du jeden Tag vor neuen Herausforderungen stehst, hast du das Gefühl, stetig Fortschritte zu machen und die Wirkung deiner Arbeit klar zu erkennen. Du kannst deine individuellen Talente einsetzen und hast kompetente Kolleg*innen, die dich dort unterstützen, wo du selbst auf Schwierigkeiten stößt. Du schätzt deine Teamkolleg*innen in ihrer ganzen Diversität und hast das Gefühl, konstant deinen Horizont zu erweitern. Du beendest deinen Arbeitstag, wenn du dein Tagwerk geschafft hast, und nicht, sobald du deine acht Stunden abgesessen hast. Zu Hause verbringst du Zeit mit deinen Lieben oder gehst deinen Hobbys oder Interessen nach. Und wenn du dich abends schlafen legst, freust du dich auf das, was der nächste Tag bringen wird.

Klingt wie ein amerikanischer Kitschfilm, oder? Idealistisch. Unrealistisch. Naiv. Oder, noch schlimmer, wie ein dystopischer Thriller, in dem die Menschen darauf programmiert sind, ihren kapitalistischen Herren zu dienen. Warum aber können wir uns solch eine Arbeitswelt nicht vorstellen? Weil der Kapitalismus uns eingebläut hat, dass »Erfolg einen Preis« hat und »nur harte Arbeit belohnt« wird. Viele von uns empfinden die eigene Arbeit nicht als Bereicherung, sondern als eine oft mühsame Pflicht. Wir denken leider noch zu oft, dass die Kolleg*innen, die bei der Arbeit entspannt wirken, wahrscheinlich nicht sehr produktiv sind. Dass für Produktivität Druck gut und zu viel Freiheit schlecht ist. Dass Profit der wichtigste (und oft einzige) Gradmesser für Erfolg ist. Und so weiter und so fort. Die oben skizzierte Arbeitsutopie weckt in unserem Unbewussten eine warnende Stimme, die sagt: »Du wirst schon sehen, wie schnell unsere Wirtschaft zusammenbricht, wenn sich keiner mehr Druck macht und alle nur Spaß haben.« Oder, für die andere Seite: »Wie traurig, wenn Menschen derart in ihrer Arbeit aufgehen. Es gibt doch noch mehr im Leben.«

Mit diesen Denkbarrieren im Kopf erlauben sich viele Menschen nicht einmal, darüber nachzudenken, wie unser Arbeitsleben aussehen *könnte*. Natürlich ist Arbeit nicht alles im Leben. Wer sich aber Arbeit nicht als sinnvolle und sinnspendende Tätigkeit vorstellen kann, beraubt sich der Chance, seine Begabungen und Talente für echte Sinnhaftigkeit und Bestimmung einzusetzen. Eine Arbeitsatmosphäre zu schaffen, in der alle selbstbestimmt arbeiten und dabei entspannt und glücklich sind, ist ein großer Teil unserer Revolution. Wir sind überzeugt, dass ein solcher Arbeitsplatz Mitarbeiter*innen nebenbei auch leistungsfähiger macht. Aber selbst wenn wir nicht daran glauben würden, dass Spaß bei der Arbeit uns produktiver macht, würden wir diesen Weg dennoch einschlagen. Wir alle leben nur einmal, und wenn wir schon mehr als die Hälfte unserer wachen Lebenszeit am Arbeitsplatz verbringen, dann sollten wir alle unser Bestes tun, mit Freude dabei zu sein.

Nach einer anstrengenden Zeit im Büro wollte ich meinen Mitarbeiter*innen meine Wertschätzung zeigen. Also entwarf ich eine kurze Botschaft: »Vielen Dank, dass ihr in den vergangenen Wochen so hart gearbeitet habt. Ich weiß das sehr zu schätzen.« Ich wollte die Mail gerade abschicken, als mir der Gedanke kam, dass ich ihnen eigentlich für etwas ganz anderes danken wollte. Ihre harte Arbeit? Harte Arbeit sagt nichts über die Ergebnisse aus, sondern nur, dass sie mühsam war. Früher hätte ich mein Lob genau so formuliert, aber eigentlich möchte ich diese Art von Arbeitsverhalten nicht mehr fördern. Mich begeisterte nämlich nicht ihre harte, sondern vielmehr ihre großartige Arbeit, ihre Loyalität und Verlässlichkeit, ihre positive Einstellung und Kreativität. Also dankte ich ihnen genau dafür.

Manchmal beginnt eine Revolution mit einem einzigen, kleinen Schritt.

Viele der von uns interviewten Revolutionärinnen messen dem Thema Unternehmenskultur eine hohe Bedeutung zu. Sie wollen unbedingt dafür sorgen, dass ihre Mitarbeiter*innen in einer gesunden Atmosphäre arbeiten, gedeihen, sich wertgeschätzt fühlen und ihre Bestimmung finden. In puncto Kultur sind unsere Revolutionärinnen kompromisslos. Denn weniger traditionell hierarchisch organisierte Firmen brauchen sogar mehr kommunikations- und kulturbildende Strukturen. Bevor wir auf den folgenden Seiten ins Detail gehen, kann man zusammenfassend sagen: Klare und transparente Zielsetzungs-, Entscheidungsfindungs- und Feedback-Prozesse sowie Richtlinien für Mitarbeiterinteraktionen und -aktivitäten sind dafür unabdingbar.

Unsichtbare Strukturen wie Werte, Kompetenzen und (temporäre) Hierarchien können nicht einfach dem Zufall überlassen werden, sondern müssen explizit erklärt und vertreten werden. Auch wenn es zunächst widersprüchlich klingt: Je klarer diese Strukturen definiert sind, desto mehr Freiheit haben die Angestellten: die Freiheit, Entscheidungen zu treffen, weil es Richtlinien gibt, an denen man seine Entscheidung messen kann; die Freiheit, Fehler zu machen; die Freiheit, Feedback zu geben und zu erhalten; und die Freiheit, zu lernen und sich selbst weiterzuentwickeln.

Verletzlichkeit annehmen

»Unsere momentane Machtstruktur lässt Männer an die Spitze aufsteigen, deren Männlichkeit sehr, sehr dysfunktional ist. Sie sind sehr getrieben, gegen äußere Umstände abgeschottet, extrem zielorientiert – im Grunde genommen fast gefühllos. Es gibt eine Menge solcher Typen. Dabei gibt es auch viele Männer, die nicht so sind oder arbeiten wollen, die sehr wohl zur Selbstorganisation fähig sind, aber in unserem jetzigen System setzen sie sich nicht durch.«
JOANA

In der Geschäftswelt werden Emotionen oft als unpassend erachtet. Für zwischenmenschliche Beziehungen im Job gilt das Prinzip der »professionellen Distanz« – was letztlich bedeutet, den eigenen Gefühlen kaum Raum zu geben und auch dem Gegenüber diese Möglichkeit zu verweigern. Geschäftliche Entscheidungen und Interaktionen werden oft so behandelt, als würden Emotionen überhaupt keine Rolle spielen. Das gilt besonders für »negative« Empfindungen wie Traurigkeit oder Angst. Wie bereits beschrieben, sind wir überzeugt, dass Werte wie Offenheit, Verletzlichkeit und Menschlichkeit nicht nur wichtig sind, um bessere Führungskräfte zu sein. Idealerweise durchdringen diese Werte, wenn sie vorgelebt werden, irgendwann auch die gesamte Organisation.

Ida lebt und arbeitet nach diesem Ideal. Sie versucht bewusst, Raum für Emotionen wie Angst zu schaffen, und sieht darin einen wesentlichen Erfolgsfaktor ihrer Firma. »Ich sehe einen riesigen Teil meiner Aufgabe als Chefin darin, immer wieder ›sichere Räume‹ zu schaffen, in denen wir echte, vollständige Menschen sein können. Der Schlüssel dazu ist, dass man über Ängste sprechen und offen sagen kann, wenn man sich Sorgen macht, ein ungutes Gefühl bei einer Entscheidung oder schlichtweg Angst vor einer Entwicklung hat. Solche Äußerungen müssen sehr ernst genommen werden. Als Gründer*in ist man Rollenvorbild. Deshalb ist es besonders wichtig, sich zuerst mit den eigenen Ängsten auseinanderzusetzen und diese auch zu artikulieren. Das ist nicht einfach, aber unbedingt notwendig, um eine Kultur zu erzeugen, in der auch andere ihre Ängste aussprechen können. An manchen Tagen bin ich womöglich ängstlich oder stark von aktuellen Geschehnissen belastet – doch ich muss darauf achten, wie ich das in die Beziehungen zu meinen Mitarbeiter*innen einbringe, ohne sie zu sehr zu beunruhigen. Deshalb ist es für mich als Chefin umso wichtiger, ein Management-Team zu haben, in dem Vertrauen und Verbundenheit gelebt werden, denn dort kann ich meine Sorgen und Bedenken teilen. Denn zu glauben, dass man alles mit sich selbst ausmachen kann, ist eine Illusion. Die Leute spüren sehr schnell, wenn etwas nicht stimmt. Außerdem zehrt es an deiner Gesundheit, Psyche und Energie. Deshalb ist der ›sichere Raum‹, in dem du, deine Führungskräfte und Mitarbeiter*innen offen über ihre Ängste sprechen können, enorm wichtig.«

Wenn es um neue Perspektiven beim Thema Führung und Leadership geht, ist die Sozialforscherin Brené Brown eines unserer großen Vorbilder. Als eine von nur fünf Frauen, deren Bücher es auf die US-Amazon-Bestsellerliste im Bereich Führung von Unternehmen geschafft haben, zeigt sie, wie wichtig es ist, Verletzlichkeit und Gefühle anzunehmen. In all ihren Büchern verbreitet sie im Grunde dieselbe zentrale Botschaft: Um eine mutige Führungspersönlichkeit (oder Mitarbeiter*in) zu werden, musst du deine Verletzlichkeit annehmen. Verletzlichkeit ist ein Vorläufer von Mut. Denn über die eigenen Schwächen und Ängste zu sprechen, bedarf viel mehr Stärke, als so zu tun, als wäre alles in Ordnung. Dies stellt unsere Vorstellungen von Verletzlichkeit auf den Kopf und macht sie zu einer Stärke, von der du und dein Team immens profitieren könnt.[31]

Inzwischen ist mir klar, dass ich genau dann am meisten Druck auf die Menschen in meiner Umgebung ausgeübt habe, wenn ich mir über meine eigenen Fähigkeiten besonders unsicher war. Dies gilt nicht bloß im Job, sondern auch im Privaten. Ich wurde erst vor Kurzem beim Mittagessen mit einer ehemaligen Angestellten an diese sehr menschliche Neigung erinnert. Sie erzählte, dass sie während einer kurzen Phase der Arbeitslosigkeit mit einem angeknacksten Selbstbewusstsein zu kämpfen hatte. Gleichzeitig begann sie, mit Frust und Gereiztheit auf die »Unzulänglichkeiten« ihres Freundes zu reagieren, weshalb sie immer häufiger stritten. Nach einem intensiven Coaching und dem Einstieg in einen neuen Job ließen diese Konflikte wieder nach. Weil sie ihre eigenen Talente und Stärken neu entdeckte und im Job wertgeschätzt wurde, konnte sie auch die Stärken und Talente ihres Freundes wieder würdigen.

Während wir auf unser Essen warteten, blaffte uns ein älterer Herr an, weil wir ihm den Weg versperrten. Ich reagierte schnippisch. Sie schwieg zunächst, sagte dann aber zu mir: »Weißt du was? Früher hätte mich das auch aufgeregt. Aber jetzt macht mir so etwas nichts mehr aus. Mir tun solche Leute nur noch leid, weil ich weiß, dass sie mit einer tiefen inneren Verunsicherung zu kämpfen haben, wenn sie sich so verhalten.«

Ich dachte noch lange über ihre Worte nach. Sie erinnerten mich daran, dass die selbstbewussten, dominanten Bosse, die alle Welt bewundern und nachahmen soll, (womöglich) gar nicht so selbstbewusst und dominant sind, sondern im Gegenteil zutiefst unsicher. Vielleicht haben sie bloß Angst davor, was die Leute (oder gar sie selbst) sehen könnten, wenn sie ihre Maske abnähmen – Angst vor ihrer eigenen Verletzlichkeit.

Wie können wir also Verletzlichkeit aktiv leben und andere dazu befähigen, das Gleiche zu tun? Brené Brown hat viele Bücher zu diesem Thema geschrieben, deren Lektüre wir empfehlen. (Als Einstieg beginne am besten mit *Dare to Lead – Führung wagen*.) Hier ist eins ihrer Beispiele, das ihre Botschaft gut zusammenfasst:

»In Zeiten von Veränderungen und Unsicherheit setzen mutige Führungskräfte sich mit ihren Mitarbeitern zusammen und sagen: Diese Veränderungen sind drastisch und kommen für viele von euch vielleicht wie aus dem Nichts. Ich weiß, dass ihr euch Sorgen macht, denn ich mache mir auch Sorgen, und ich finde es nicht leicht, mit diesen Veränderungen zurechtzukommen. Und es ist naheliegend, jetzt nach einem Schuldigen zu suchen. Ich verspreche euch, dass ich alle Informationen, die ich mit euch teilen kann, teilen werde. Für die nächste Stunde würde ich mir wünschen, dass wir uns darüber unterhalten, wie ihr mit diesen Veränderungen klarkommt und wie ich euch in diesem schwierigen Prozess bestmöglich unterstützen kann. Gibt es irgendwelche Gerüchte, die ich bestätigen oder entkräften kann? Habt ihr sonst noch Fragen? Ich möchte euch darum bitten, euer gemeinsames Miteinander nicht zu verlieren und euch aufeinander zu stützen, damit wir gut durch diese stürmischen Zeiten kommen. Denn trotz allem wollen wir ja weiterhin Arbeit leisten, auf die wir stolz sein können.«[32]

Sicherheit schaffen

*»Wie schafft man einen Raum, der so sicher ist, dass Mitarbeiter*innen offen darüber sprechen können, wenn sie Angst haben?«*

IDA

Um Verletzlichkeit Raum geben zu können, ist es wichtig, eine Atmosphäre von Sicherheit und Stabilität im Team zu etablieren. Beide Begriffe gehörten zu den häufigsten Schlagworten in unseren Gesprächen mit den Revolutionärinnen. Für revolutionäre Konzepte wie visionäre Führung oder auch

102

Selbstmanagement, in denen Mitarbeiter*innen nicht nur »ausführen«, sondern aktiv mitgestalten, ist ein gutes Miteinander im Team essenziell wichtig. Wie Joana es ausdrückte, unterstützt eine gute Führungskraft ihre Mitarbeiter*innen darin, erst einen Ort der Sicherheit (»Safe space«) zu schaffen, um dann an einen Ort zu gelangen, der Mut gibt, Dinge zu verändern (»brave space«).

Vielen Angestellten fällt es schwer, in Meetings Bedenken oder Kritik zu äußern, besonders wenn diese sich an die eigene Führungskraft richten. Und natürlich ist es auch nicht einfach, als Führungskraft (besonders vor anderen) kritisiert zu werden. Dafür bedarf es einer Feedback-Kultur, in der Kritik geäußert und gehört werden kann. Aber um mit Kritik gut umgehen zu können, braucht es auch innere Stabilität. Diese Stabilität ermöglicht es, Kritik anzunehmen, ohne dass man sich fundamental infrage stellt. Als Führungskraft kann man eine Feedback-Kultur stärken, die innere Stabilität muss aber aus jede*r selbst kommen.

Als Joana sich nach und nach aus ihrer Firma zurückzog, fiel ihr und dem Team auf, dass damit auch das zuversichtliche Gefühl von »Es wird alles gut« nachließ. Also holte sie einen Coach an Bord, die ihren Mitarbeiter*innen dabei half, innere Stabilität und externe Sicherheit aufzubauen.

»Wenn Menschen bei der Arbeit unmotiviert sind, hat das oft damit zu tun, dass sie nicht genug Sicherheit fühlen, auch mal Risiken einzugehen und Fehler zu machen. Um uns das selbst abzutrainieren, machten wir einen zweitägigen Workshop mit dem Hauptziel, das Vertrauen zwischen den einzelnen Teammitgliedern zu stärken. Dafür mussten wir ziemlich viel über uns selbst preisgeben – was natürlich nicht für jeden einfach ist. Wir haben uns als Individuen gefragt, unter welchen Umständen wir aufleben und wovor wir Angst haben. Und dann ging es darum, diese Antworten anzunehmen und wirklich zu verstehen.« Es geht dabei nicht darum, Spannungen und Stress komplett aus der Arbeitswelt zu verbannen. Beide Emotionen sind bis zu einem gewissen Maß natürliche und notwendige Seinszustände, die uns dabei helfen, Dinge zu erledigen. Allerdings müssen wir Wege finden, wie wir mit unserem Stress und unserer Anspannung produktiv umgehen können – sodass wir sie sogar zu unserem Vorteil nutzen können.

»In unserem zweitägigen Workshop wurden in Trainings-Sessions Schlüsselkompetenzen wie Intuition, Empathie, Zuhören und Selbstkontakt gestärkt. Die ›Balkon‹-Übung zum Beispiel setzen wir inzwischen routinemäßig nach langen Teammeetings als Meta-Reflexionsrunde ein. Jede*r geht ›auf den Balkon‹ und denkt darüber nach, wie wir während des Meetings miteinander umgegangen sind. Haben wir unsere Argumente konstruktiv weiterentwickelt? Wurde irgendjemand gar nicht gehört? War jemand verletzt oder wütend, und haben wir das ignoriert? Außerdem gilt das Prinzip ›Störung hat Vorrang‹. Wenn es im Meeting zu Störungen kommt – etwa wenn jemand die Augen verdreht oder bloß auf sein Handy schaut –, unterbrechen wir, fragen, was los ist, und machen danach mit größerem Zusammenhalt weiter.«

Joana betont, dass die Gestaltung eines sicheren Arbeitsplatzes ins Stocken geraten kann, wenn Leute urteilen, ungebetene Ratschläge erteilen, einander unterbrechen oder während des Meetings miteinander tuscheln. Stattdessen braucht es Neugierde, Ehrlichkeit, Vertrauen sowie die Bereitschaft, zuzuhören. Wenn Führungskräfte diese positiven

Verhaltensweisen selbst leben und belohnen, haben sie bessere Chancen darauf, einen Arbeitsplatz zu schaffen, der Verletzlichkeit und Mut fördert.

KURZ UND GUT: PSYCHOLOGISCHE SICHERHEIT

Die Harvard-Business-School-Professorin Amy Edmondson hat den Begriff »psychologische Sicherheit« eingeführt und beschreibt das Konzept als »Glauben daran, dass man nicht dafür bestraft oder gedemütigt wird, wenn man Ideen, Fragen oder Sorgen äußert und Fehler eingesteht«.[33] In ihren Studien fand Amy Edmondson heraus, dass Mitarbeiter*innen produktiver sind, wenn sie »sich ohne Angst vor negativen Auswirkungen auf Selbstbild, Status oder Karriere zeigen und einsetzen können«.[34] Eine von Google durchgeführte Studie konkretisierte, dass Menschen, die in Teams mit großer »psychologischer Sicherheit« arbeiteten, loyaler sind, sich besser auf Ideen ihrer Teammitglieder einlassen können, mehr Umsatz erzielen und von ihren Managern als doppelt so effektiv eingestuft werden.[35]

»Psychologische Sicherheit« geht einher mit Konzepten wie »Verletzlichkeit«, »Empathie«, »Achtsamkeit« und »Mutigem Versagen«. Fehler zuzugeben, sich verwundbar zu machen und aktives Zuhören zu fördern, ist elementar für eine sichere Umgebung. Auch hier müssen Führungskräfte mit gutem Beispiel vorangehen.[36]

Google zeigt auf seiner re:Work-Website eine Schritt-für-Schritt-Anleitung für Manager, um »Psychologische Sicherheit« zu fördern.[37] Auch Amy Edmondsons TED Talk darüber, wie man »Psychologische Sicherheit« am Arbeitsplatz etablieren kann, gibt Führungskräften gute Tipps für die Umsetzung.[38]

Feedback und Würdigung

»Jeder Manager, egal auf welcher Hierarchiestufe, sollte ein tiefes und persönliches Verhältnis zu jedem einzelnen Teammitglied haben.«

VIVIENNE

Alle Teammitglieder gut zu kennen, zu verstehen, was sie antreibt, wo ihre Stärken liegen, welche Ziele sie verfolgen, und sie dabei zu unterstützen – all das ist Vivienne zufolge essenziell für den Aufbau eines motivierten Teams. Schon alleine deshalb, um konstruktiv Feedback geben und sie angemessen würdigen zu können. Kim Scott, Autorin des Buches *Radical Candor* (Radikale Offenheit), ist derselben Meinung. Kim, die bereits Teams bei Google, Twitter und Apple geleitet hat, gehört ebenfalls zu den fünf Frauen, deren Bücher über Business und Unternehmertum es auf Amazons US-Bestsellerliste geschafft haben. Ihr Buch zeigt, wie wichtig eine radikale Feedback-Kultur für jedes Team und jede Firma ist. Die Voraussetzung: Feedback sollte direkt, unmittelbar und regelmäßig erfolgen – und zwar nach jeder Interaktion und jedem Meeting.

Klingt nicht gerade verlockend, oder? Die Führungskraft, die rumschreit, wenn mal was schiefläuft, oder der Kollege, der darauf herumreitet, wenn jemand mal was Dummes gesagt hat. Und verstärkt Feedback nicht Hierarchien, weil es automatisch suggeriert, dass die eine die Macht und damit das »Recht« hat, dem anderen zu sagen, was er oder sie falsch gemacht hat? Die kurze Antwort lautet: nein. Die lange Antwort steht in Kims Buch, das wir sehr empfehlen – aber wir versuchen, es hier zusammenzufassen.[39] Mitarbeiter*innen anzuschreien und fertigzumachen, wenn sie irgendwas (vermeintlich) falsch gemacht haben, würde Kim Scott als »Unzumutbare Aggression« bezeichnen, einer der vier Feedback-Typen in ihrem Buch. »Unzumutbare Aggression« ist wahrscheinlich das Feedback mit dem schlechtesten Ruf, das wir alle kennen und nach Kräften vermeiden wollen. »Manipulative Unehrlichkeit« ist hingegen weniger offensichtlich. Kim beschreibt den Typus so: »Manipulativ unaufrichtig ist man, wenn einem die Person, der man Feedback geben müsste, nicht wichtig genug ist, um sie herauszufordern. Menschen loben oder kritisieren auf manipulativ unehrliche Art, wenn sie außerdem zu sehr darauf fixiert sind, gemocht zu werden, oder glauben, dass Unaufrichtigkeit ihnen irgendeinen politischen Vorteil verschaffen kann – oder sie einfach keine Lust mehr haben, sich für etwas oder jemanden einzusetzen.«[40]

»Ruinöse Empathie« hat Kim als dritte schädliche Feedback-Art ausgemacht – und an dieser Stelle fühlten wir uns sehr ertappt: »Empathie ist für den größten Teil der Management-Fehler verantwortlich, die ich in meiner Karriere erlebt habe. Die meisten Leute wollen nämlich am Arbeitsplatz kein Unbehagen und keine Spannungen erzeugen.«[41] Während *echte* Empathie eine unverzichtbare Leadership-Eigenschaft ist, dient die »ruinöse Empathie« dem Vermeiden von Konflikten. Sie bedient das Bedürfnis nach positiven Rückmeldungen, also dem eigenen Ego. Angst vor Konflikten führt oft dazu, dass wir lieber vage »gut gemacht« murmeln, als wirklich konstruktives Feedback zu geben, das dem Team *helfen kann, aus eigenen Fehlern zu lernen.*

Wir beide wollten viel zu oft vermeiden, als nervige Chefinnen wahrgenommen zu werden, was dazu führte, dass unser Feedback oft ruinös empathisch und manchmal sogar manipulativ unehrlich wurde! Nett sein zu wollen und gemocht zu werden, kann als Führungskraft genauso problematisch sein wie Gleichgültigkeit gegenüber den Gefühlen und der Meinung anderer. Kim hat uns dazu ermutigt, zum vierten Feedback-Typus überzugehen, der ihrem Buch seinen Titel verliehen hat: radikale Offenheit. Diese Form des Feedback vereint eine persönliche Wertschätzung für die Person, der man Feedback gibt, mit inhaltlichen Themen, die zu ihrer Weiterentwicklung beitragen können. Die persönliche Verbindung entsteht, indem man sich als Menschen und nicht nur als Kolleg*innen oder Mitarbeiter*innen begegnet. Wie heißen ihre Kinder oder Partner*in, welchen Sport treiben sie in ihrer Freizeit, wie heißt der Hund usw. Themen, über die man sich mit Menschen im Privaten automatisch austauschen würde, weil sie uns ein Bild davon geben, wer der andere ist und was sie oder ihn ausmacht. Um eine wirklich positive Feedback-Kultur aufzubauen, ist es Kim zufolge außerdem wichtig, dass man als Manager*in zuerst selbst Feedback einfordert, gut zuhört, es annimmt und sich vor allem bei der Absender*in dafür bedankt.

Eine auf radikaler Offenheit basierende Feedback-Kultur ist allerdings nicht unbedingt der einfachste Weg. Mit Übung und den richtigen Methoden wird es zwar einfacher, aber dennoch: Konstruktives Feedback zu erhalten, kann auch schwierig und schmerzhaft sein.

Eine wichtige Grundlage, um eine starke Feedback-Kultur zu etablieren, ist übrigens ein wertschätzendes Arbeitsumfeld. Wenn Menschen regelmäßig für ihre Stärken und Leistungen gelobt werden, fühlen sie sich sicher genug, konstruktives Feedback besser zu verarbeiten. Wertschätzung heißt dabei nicht, pauschal zu loben. Allgemeines oder zu abstraktes Loben aus Unsicherheit ist falsch und inhaltsleer – und wird meist auch als solches erkannt. Es untergräbt das Vertrauen in Lob allgemein, weil positives Feedback dann im schlimmsten Fall nur noch als unehrliche Schmeichelei empfunden wird.

KURZ UND GUT: PERSPEKTIVEN-FEEDBACK

Lisas Mitgründer Kimon hat eine Feedback-Methode entwickelt, die wir bei Folkdays and tbd* nutzen und sehr hilfreich finden. Das hat uns ermöglicht, Feedback als »Geschenk« zu verstehen und nicht mehr zu fürchten. In diesem Feedback-Ansatz geht es darum, subjektive Wahrnehmungen und Stimmungen auszutauschen anstatt angebliche objektive Wahrheiten. Es ist eine Zweier-Interaktion auf Augenhöhe, die nicht darauf ausgelegt ist, die Kolleg*innen / Mitarbeiter*innen / Führungskräfte von etwas überzeugen zu müssen oder wollen.

Dieser Ansatz (weg von richtig oder falsch) bietet die Möglichkeit

- miteinander ins Gespräch zu kommen
- gemeinsam zu lernen, sich zu öffnen
- sich verwundbar zu machen
- und sich zu trauen, offen darüber zu sprechen, wie die Welt durch die eigenen Augen aussieht, ohne zu befürchten, dass man beurteilt oder dafür bloßgestellt wird.

Folgende Grundregeln sind wichtig für das Gelingen dieser Methode:

- Feedback findet in Zweier-Gesprächen statt, und zwar zwischen allen, die miteinander arbeiten, und in alle »Richtungen« (nicht nur die Chef*innen geben hier Feedback, sondern bekommen auch Feedback von ihren Mitarbeiter*innen)

- Feedback wird immer aus der Ich-Perspektive formuliert (Beispiel:»Ich habe das Gefühl, dass du mich oft unterbrichst« anstatt»Du unterbrichst mich oft«.) Hier ist die Methode der gewaltfreien Kommunikation, die wir bereits erklärt haben, hilfreich.
- Die Rückmeldungen sind spezifisch und wenn möglich immer mit einem konkreten Beispiel unterfüttert.
- Es gibt sowohl einen Fokus auf kritische, aber auch auf positive Themen, die kommen nämlich in Feedback-Gesprächen oft zu kurz.
- Annahmen, moralische Bewertungen, Beurteilungen sind NICHT erlaubt.
- Als Empfänger*in darf man sich nicht rechtfertigen oder erklären. Es ist wichtig, nicht direkt etwas auf die Aussagen der Gesprächspartner*in zu erwidern, indem man so etwas sagt wie»Aber das hab ich doch gar nicht so gemeint...«. Zentrales Anliegen ist der Austausch, durch den man lernen kann, wie man selbst auf unterschiedliche Menschen wirkt. Es geht nicht um gut oder schlecht, richtig oder falsch.
- Natürlich darf man nachfragen, wenn einem etwas unklar ist.
- Da jede*r seinem Gegenüber dabei helfen kann, Eigen- und Fremdwahrnehmung abzugleichen, ist jedes Feedback, egal, wie es sich anfühlt, ein Geschenk. Deshalb ist es sehr wichtig, sich am Ende des Gesprächs beieinander zu bedanken (auch wenn man sich im ersten Moment vielleicht nicht danach fühlt).

Ablauf des Perspektiven-Feedbacks:

1. Feedback-Gespräche werden alle drei Monate für alle eingeplant, die miteinander arbeiten.

2. Vor dem Feedback-Gespräch bereiten sich beide Teilnehmer*innen schriftlich vor. Es ist sehr wichtig, dass alles im Vorfeld schriftlich festgehalten wird, was man im Gespräch loswerden möchte.

3. Die Vorbereitung teilt sich auf in Selbstevaluation und Feedback für die Gesprächspartner*in.

4. Im Feedback-Gespräch fängt die eine Seite an (mit Selbstevaluation und Feedback), danach ist die andere Seite dran.

5. Beide Seiten sollten sich nach dem Gespräch 10 bis 15 Minuten Zeit nehmen, um noch mal allein das Gehörte zu reflektieren.

6. Im nächsten Feedback-Gespräch sollten wichtige Themen aus dem letzten Gespräch wieder aufgenommen und adressiert werden.

7. In schwierigen Gesprächen kann es sinnvoll sein, eine Moderator*in hinzuzuziehen.

Stärkenorientiertes Management

»Stärkenorientiertes Management erlaubt es dir, eine kompetenzbasierte Hierarchie zu entwickeln. Doch damit das funktioniert, muss man seine eigenen Fähigkeiten und die von anderen ehrlich einschätzen und offen darüber sprechen können.«

JOANA

Stärkenbasiertes Management setzt normalerweise auf kompetenz- bzw. projektbasierte Hierarchien. Mit bestimmten Aufgaben oder Projekten verbundene temporäre Teamstrukturen orientieren sich dabei an den Stärken der beteiligten Mitarbeiter*innen. Eine Mitarbeiter*in, die bei einem bestimmten Projekt eine Kolleg*in unterstützt, kann dieselbe Person bei einem anderen Projekt führen. Selbst organisierte Firmen sind dadurch immer noch hierarchisch gegliedert, aber statt fester und statusbasierter Hierarchien nutzen sie temporäre und kompetenzbasierte. Joana hat selbst in ihrer Firma an Projekten gearbeitet, bei denen sie durch eine Mitarbeiterin angeleitet wurde, die sie ursprünglich als Praktikantin eingestellt hatte!

Wenn alle Mitarbeiter*innen sich darüber im Klaren sind, wo im Team welche Stärken und Schwächen liegen, können Rollen und Tätigkeiten viel passgenauer besetzt werden. Perfektionismus ist übrigens der Feind des stärkenbasierten Managements. Als Chef*in solltest du auch in Bezug auf deine eigenen Unzulänglichkeiten ein Vorbild, also quasi ein Rollenvorbild für Imperfektion sein. Dies geht vielen Gründer*innen gegen den Strich, denn wir glauben zu oft, dass wir alles wissen und alles können müssen.

Als Jennifers Firma rasant wuchs, beschloss sie, höher qualifizierte Fachleute einzustellen, obwohl sie das anfangs verunsicherte: »Es ist ganz schön beängstigend, weil ich plötzlich von Leuten umgeben war, die Sachen viel besser konnten als ich. Und ein Teil von mir fragt sich natürlich, warum ich das nicht besser kann. Aber eigentlich weiß ich, dass es total toll ist, mit Menschen zu arbeiten, die gewisse Dinge besser können als ich. Und dass wir sie auch brauchen, um unser Unternehmen erfolgreicher zu machen.«

Ein stärkenbasierter Ansatz ist auch für die Zusammen-arbeit im Gründer*innenteam sehr hilfreich. Rückblickend hätten wir zu Beginn unserer Gründerinnenlaufbahn einen Gallup-Stärkenfinder-Test machen sollen. Dazu hatte man uns sogar geraten, aber wir verdrehten damals nur die Augen und dachten uns, klar, das machen wir dann, wenn wir nicht gerade super beschäftigt damit sind, *eine eigene Firma zu gründen!* Wenn du, wie wir, Teil eines eher generalistischen Gründer*innenteams bist, dann ist ein solcher Test sehr hilfreich, um drei Tendenzen entgegenzuwirken: a) in allem gut sein zu wollen, b) zu glauben, in allem gut zu sein, und c) überzeugt davon zu sein, dass alle im Team die Dinge so machen sollten, wie du selbst sie tust.

Der Glaube an sich selbst und in die eigenen Fähigkeiten ist wichtig, wenn man eine Firma gründen und ein Team auf-bauen will. Aber das gilt genauso für die Fähigkeit der Selbst-reflexion, zu wissen, wo die eigenen Schwächen liegen und wo man Unterstützung von anderen braucht. Im besten Fall schafft man es, Menschen mit komplementären Fähigkeiten Raum zur Entfaltung zu geben und selbst loszulassen.

Im Loslassen waren wir Gründerinnen oft nicht so gut. Wir waren oft getrieben von Perfektionismus und Unsicher-heit – statt uns von unseren gemeinsamen Zielen und einer tiefen Wertschätzung füreinander leiten zu lassen.

Brené Brown trifft den Nagel auf den Kopf, wenn sie

feststellt, dass es viel mehr Selbstbewusstsein erfordert, um Hilfe zu bitten, als dies nicht zu tun. Wenn ich darüber nachdenke, dann fällt mir auf, dass die männlichen Gründer in meinem Bekanntenkreis andere viel häufiger um Hilfe baten als die weiblichen. Sogar (oder vielleicht gerade) diejenigen, die besonders erfolgreich waren. Ich selbst hasste es, (vor allem männliche Gründer) um Hilfe zu bitten, weil ich Angst hatte, es könnte als Zeichen der Schwäche ausgelegt werden. Das wollte ich um jeden Preis vermeiden. Aber es ist enorm befreiend, die Sache umgekehrt zu betrachten: Um Hilfe zu bitten, wenn man sie braucht, ist ein Zeichen von Selbstvertrauen und Stärke.

Ein nützliches Werkzeug für stärkenbasiertes Management ist der besagte Gallup-Stärkenfinder-Test. Wir empfehlen, die Ergebnisse offenzulegen und sie als Basis für einen Team-Workshop zu benutzen. Den Test kannst du einfach auf der Website des Gallup Strengths Center machen.[42]

Unsichtbare Arbeit belohnen

Es ist als Führungskraft wichtig, sich bewusst darüber zu sein, was einzelne Personen zum Team beitragen – nicht nur durch ihre Leistungen, sondern auch in der Art, *wie* sie mit anderen zusammenarbeiten. Die Fähigkeit, gut mit anderen zusammenzuarbeiten, wird im Arbeitsleben viel zu selten gewürdigt und belohnt. Jennifer beschreibt diesen blinden Fleck anhand einer Metapher:

»Früher konzentrierte sich die Medizin beim menschlichen Körper hauptsächlich auf die Organe – die sichtbaren Objekte, die augenscheinlich biologische Prozesse antreiben. Erst vor Kurzem wurde entdeckt, dass es eine ganze Menge dunkle Materie im Körper gibt, die wir bisher größtenteils ignoriert haben. Dieses Zwischengewebe, das sogenannte Interstitium, ist, wie man inzwischen weiß, der wichtigste Teil im Körper, ohne den die Organe nicht zusammenarbeiten könnten.«

Genau so wurde in der Vergangenheit das »Zwischengewebe« von Teams – die Auseinandersetzungen und Kompromisse rund um Beziehungen, Egos und Unsicherheiten – von Führungskräften bestenfalls unterschätzt und schlimmstenfalls komplett ignoriert. Aber, wie Vivienne erläutert: »Genau diese Arbeit wird meist von Frauen geleistet und ergibt, wenn man sie fördert und kultiviert, eine messbar höhere Teamproduktivität. Weil diese Rolle so schwer zu benennen ist, wird sie aber oft nicht belohnt. Oft merken wir erst, wie wichtig diese Menschen fürs Team sind, wenn sie fehlen, wenn die Unternehmenskultur zerfällt und wir auf einmal vor dem Nichts stehen.«

Es ist ein wichtiger Schritt hin zu einem erfolgreichen und motivierten Team, diese wichtigen Akteur*innen im eigenen Unternehmen zu erkennen, zu würdigen und zu belohnen.

Ziele setzen und teilen

Sich Ziele zu setzen, scheint zunächst ein naheliegendes und einfaches Konzept zu sein, ist aber tatsächlich gar nicht so leicht zu realisieren, je mehr man sich von hierarchischen Strukturen entfernt. In einer traditionell hierarchischen Struktur sagt die Chef*in: »Spring!«, und die Angestellte fragt: »Wie hoch?« In alternativen Unternehmensstrukturen wird es ein bisschen komplizierter. Chef*innen wollen nicht mehr die Ziele ihrer Angestellten definieren, also sind diese selbst dafür verantwortlich. Doch wie sollen Hunderte oder gar Tausende Angestellte ihre Ziele so formulieren, dass alle miteinander harmonieren? Und wie lassen sich Mitarbeiter*innen ohne vorgegebene Ziele motivieren, Erfolge anzustreben? Wie sollen sie überhaupt erkennen, was Erfolge sind? Zu wissen, mit welchem Ziel man etwas tut, ist für den unternehmerischen Erfolg sehr wichtig.

Neuerdings lernten wir die OKR-Methode kennen (*Objectives and Key Results*, Zielsetzungen und Ergebniskennzahlen) und waren sofort überzeugt. Auch Anna von Wildling Shoes benutzt diese Methode seit einiger Zeit und sieht deren transformative Kraft überall im Unternehmen:

»In den ersten zwei Jahren versuchten wir, irgendwie mit unserem Wachstum und allem, was damit zu tun hatte, klarzukommen. Dann dachten wir, okay, wir müssen versuchen, das Ruder stärker in die Hand zu nehmen. Wir müssen definieren, wo wir hinwollen und wie wir dort hingelangen. Die Scaling-up-Methode geht da ganz konventionell vor: Man macht ein Strategiemeeting, auf dem man ein Jahresziel für die Firma festlegt und dieses dann in Meilensteine aufteilt. In einem Workshop haben wir das genau so gemacht. Normalerweise sind unsere Meetings ziemlich lebhaft, mit vielen wertvollen Diskussionen. Aber in diesem Meeting saßen alle bloß stumm da und überlegten, welches Ziel sie für das Jahr festlegen sollten. Also gut, wir würden gerne unseren Umsatz steigern, aber das wollen eigentlich alle. Und hoffentlich ergibt sich das von selbst, wenn wir unseren Job wirklich gut machen. Aber eigentlich fanden wir es komisch, das als übergeordnetes Ziel zu haben. Also verwarfen wir das Scaling-up-Prinzip und begannen, stattdessen das OKRs-System zu benutzen. Und die Ergebnisse waren unglaublich.«

Bevor wir näher auf diese Ergebnisse eingehen, noch so viel: Was Anna und ihr Team begriffen hatten, war, dass steigender Umsatz kein motivierendes Ziel ist. Ein Ziel sollte sich aus der hervorragenden Arbeit ergeben, die mit Leidenschaft geleistet wird; aber »Gewinn« als Sinn und Zweck kann ein Team nicht langfristig inspirieren oder antreiben. Glaubst du nicht? Probier es mal aus.

Objectives and Key Results (OKRs)

Das »Objectives and Key Results« (OKRs)-Performance-Management-System wurde bekannt, als Google es in seiner Start-up-Zeit 1999 einsetzte[43] und bemerkenswerte Ergebnisse damit erzielte. Das OKRs funktioniert mit seinem qualitativen Ansatz ein bisschen anders als die traditionelle quantitative Key-Performance-Indicator-Methode (KPI bzw. Leistungskennzahlen). Kurz gesagt, erfordert das OKRs-System Input von jedem einzelnen Angestellten, nicht nur dem Führungsteam. Mitarbeiter*innen müssen ihre eigenen Ziele (Objectives) identifizieren und Möglichkeiten finden, ihre Erfolge (Key Results) zum Erreichen dieser Ziele zu messen. Diese Ziele sollten natürlich mit den Strategien der gesamten Firma und den einzelnen Teams harmonieren, weswegen es wichtig ist, dass diese transparent und regelmäßig kommuniziert werden. Der Gedanke dahinter: Wenn Leute wissen, was sie tun und warum, erkennen sie den direkten Wert und Nutzen ihrer Arbeit, was sie mit Sinn und Zielbewusstsein füllt. So bleiben alle engagiert und motiviert – und es ist keine Kontrolle durch ein Top-down-Management nötig.

Anna ist begeisterte Befürworterin von OKRs und hat die Methode mit großem Erfolg in den Arbeitsalltag ihrer Firma integriert. Anstatt das Modell eins zu eins zu überneh-men, hat sie es ihren Bedürfnissen angepasst und gewährt ihren Mitarbeiter*innen dadurch beträchtlichen Einfluss auf die gesamte Firmenstrategie. Zuerst bittet sie ihre Angestell-ten, die Aufgaben zu benennen, an denen sie im nächsten Quartal gerne arbeiten würden, wo sie Probleme sehen und ob es ein bestimmtes Projekt gibt, das sie priorisieren wollen. Dieses Feedback wird dann in die Quartalsziele der Firma eingearbeitet und der gesamten Belegschaft mitgeteilt. Alle helfen also dabei, die Richtung des Unternehmens fest-zulegen. Dadurch verstehen die Mitarbeiter*innen, wie sie zur Realisierung der Firmenziele beitragen, und können ihre persönlichen Ziele mit denen des Unternehmens abgleichen.

»Als ich das OKRs-System entdeckte, sah ich darin das geeignete Werkzeug für uns. Es funktioniert in Drei-Monats-Abschnitten, also probierten wir es ein Quartal lang nur mit dem Managementteam aus. Das funktionierte so gut, dass wir die Methode sofort auf die ganze Firma ausdehnten. Wir stellten sogar jemanden ein, der allein dafür verantwortlich war, OKRs zu implementieren und alle mit der Methode vertraut zu machen. Wir arbeiten jetzt seit einem vollen Geschäftsjahr mit OKRs – und es ist großartig. Der Prozess verläuft ›bottom-up‹, von unten nach oben, von Teammit-gliedern über Teamleiter*innen bis hin zur Firmenspitze, und alle bringen für ihre Bereiche eigene OKRs mit. Ich versuche, dafür zu sorgen, dass ein Großteil dieser Informa-tionen zu mir weitergeleitet wird. Sobald das Führungsteam die Vorschläge geprüft und den OKRs zugestimmt hat, leiten wir sie wieder zu allen Mitarbeiter*innen zurück, sammeln Feedback ein und passen die OKRs an, wo es nötig ist.

OKRs gelten normalerweise für jeweils ein Quartal, weshalb wir alle drei Monate unsere Prozesse und Fortschritte überprüfen. Ich finde diese planmäßige Rückschau sehr wertvoll. Denn in einem so schnell wachsenden Unternehmen wie unserem kann es leicht passieren, dass man einfach weitermacht, ohne innezuhalten und zu überprüfen, was funktioniert und was nicht. Es ist sehr wichtig, auch Fehlschläge anzuerkennen – also Ziele, die nicht erreicht wurden. Es ist absolut okay, nicht all seine Ziele zu erreichen, und noch wichtiger, diese Misserfolge am Ende jedes Quartals genauso zu feiern wie die Erfolge. So müssen die Mitarbeiter*innen keine Angst davor haben, sich ambitionierte Ziele zu setzen, die sie womöglich nicht erreichen, oder davor, manche Ziele aufgeben zu müssen, weil sich die Marschrichtung ändert. Zentral ist, aufmerksam zu bleiben und mit den Gründen für Erfolg oder Misserfolg klarzukommen. Genau das ermöglicht die OKRs-Methode. Für uns als Start-up ist es ganz normal, dass sich uns viele Gelegenheiten bieten, neue Wege einzuschlagen. Wir wollen innovativ sein und in Bewegung bleiben, manchmal ist es aber schwierig, die guten Ideen von den schlechten zu unterscheiden. Das OKRs-System hat uns beigebracht, wie wir Prioritäten setzen und uns auf das konzentrieren können, was wirklich zählt.«

Die OKRs-Methode kann für kleine und große Teams ein nützliches Werkzeug sein. Die folgenden OKRs-Prinzipien sind auf jeden Arbeitsplatz anwendbar, in dem neue Wege für ein Plus an Mitarbeiterengagement und Produktivität gesucht werden.

Kurz und gut:

Der OKR-Prozess am Beispiel von Wildling

1. Einzelne Teammitglieder definieren ihre Ziele für das kommende Quartal (meist auf Grundlage des vergangenen Quartals).

2. Individuelle Ziele werden den Teamleiter*innen vorgestellt. Teamleiter*innen definieren ihre eigenen Ziele, basierend auf denen der Teammitglieder.

3. Teamziele werden dem Führungsteam vorgelegt. Falls nötig, werden die Teamziele in Hinblick auf die Firmenziele angepasst.

4. Managementziele werden in einem Meeting mit allen Teamleiter*innen besprochen (bei einem der persönlichen Firmentreffen). Daraus entwickelt sich meistens eine lebhafte Diskussion, in deren Verlauf die Anwesenden die Ziele gemeinsam anpassen, umformulieren, verfeinern und beschließen. Ressourcen, Unterstützung und Ausrichtung werden ebenfalls diskutiert und festgelegt.

5. Jetzt werden die Managementziele eingearbeitet. Zuerst passen die Teamleiter*innen ihre Ziele entsprechend an, dann die Teammitglieder die ihrigen, bis schließlich alle Ziele auf allen Ebenen final beschlossen werden.

6. Fortschritte, Probleme und nächste Schritte werden in wöchentlichen Video-Konferenzen besprochen (Teamleitermeetings und Teammeetings).

7. Nach sechs Wochen (während des zweiten persönlichen Firmentreffens im Quartal) werden die Prozesse überprüft und begutachtet. Hier trifft die gesamte Belegschaft zusammen und wird über den Fortschritt der Firma auf den neuesten Stand gebracht. Außerdem präsentiert jedes Team eins seiner Projekte.

8. Am Ende des Quartals werden alle OKRs bottom-up evaluiert. Und am Schluss werden die Quartalsergebnisse der gesamten Belegschaft präsentiert.

120

KURZ UND GUT: DIE VORTEILE
DES OKRs-PROZESSES – VON ANNA BESTÄTIGT!

1. Ermöglicht Wissensaustausch: Alle kennen die Richtung, in die sich die Firma bewegen will; alle arbeiten gemeinsam an der Firmenstrategie mit; alle wissen, warum sie tun, was sie tun; alle diskutieren gemeinsam über die Verteilung von Ressourcen.

2. Befördert die Transparenz der Ziele aller Mitarbeiter*innen und der unterschiedlichen Abteilungen.

3. Misst nicht nur dem Ergebnis Wichtigkeit zu, sondern auch dem Prozess, was zu vielen wertvollen Diskussionen führt.

4. Gibt der Arbeit einen Sinn.

5. Erlaubt direkte Feedback-Schleifen.

6. Erfordert weniger Kontrolle von oben.

7. Motiviert die Mitarbeiter*innen, ihre eigenen Ziele zu verfolgen.

8. Hilft den Angestellten, Ziele zu verstehen und nachzuvollziehen.

9. Schafft die Zeit, zu reflektieren, was gut gelaufen ist und was nicht und welche Gründe es dafür gibt.

10. Unterstützt dabei, Misserfolge als Lernprozess zu feiern.

11. Ermutigt die Mitarbeiter*innen, ambitioniert zu denken, ohne Angst vorm Scheitern zu haben.

12. Erhöht die geschäftliche Agilität, da die Zielsetzung jedes Quartal neu formuliert wird.

13. Hilft dabei, Prioritäten zu setzen (Gründer*innen und Start-up-Teams sind meist Ideen-Menschen, denen es manchmal schwerfällt, zu neuen Ideen Nein zu sagen oder Prioritäten zu definieren.)

Kapitel 6

Revolutionäres Rekrutieren

»Bei Einstellungen sollte es nicht nur darum gehen, was die Angestellte dir zu bieten hat, sondern auch darum, was du ihr bieten kannst.«

CATHERINE

Wenn du ein Unternehmen aufbaust, gibt es eine zentrale Erkenntnis, die du dir täglich ins Bewusstsein rufen solltest: Dein Team *ist* dein Unternehmen. Wir haben in den ersten Phasen unserer Firmengründungen den Fehler gemacht, die Bedeutung unserer Mitarbeiter*innen zu unterschätzen und sie eher als Mittel zum Zweck zu betrachten. Manchmal – und es beschämt uns, dies zugeben zu müssen – sahen wir in ihnen sogar ein Ärgernis, ein Hindernis für unsere Arbeit, die wir (insgeheim) als die »wichtigere« Arbeit betrachteten. Das passierte zum Beispiel, wenn sie von uns klare Führung einforderten. Das empfanden wir oft als Zeitverschwendung und Ablenkung von der inhaltlichen Arbeit. Wie wichtig aber unsere Rolle als »führende« Führungskraft gewesen wäre, realisierten wir erst mit dem nötigen Abstand. Deine Mitarbeiter*innen sind nicht Mittel zum Zweck. Sie *sind* der Zweck. Deine Firma ist nichts anderes als die Summe aller Menschen, die in ihr arbeiten. Deshalb ist die Rekrutierung von Mitarbeiter*innen vom ersten Tag an eine deiner wichtigsten Aufgaben.

Wenn du dem Aufbau und der Weiterentwicklung deines Teams nicht genug Zeit widmest, steht dein Unternehmen auf einem sehr wackeligen Fundament. Wir mussten das selbst auf die harte Tour lernen. Die richtigen Mitarbeiter*innen zu finden und einzustellen, ist viel wichtiger als ein Meeting mit potenziellen Kunden oder der nächste Finanzierungspitch. Mach deshalb gute Rekrutierung zu einem deiner wichtigsten Erfolgsindikatoren und plane, experimentiere und reflektiere regelmäßig so wie bei jedem anderen Großprojekt.

Vivienne war die Erste, die uns von dem Konzept der »Menschen-orientierten Firma« erzählte. Sie nimmt dieses Konzept sehr ernst und sieht sich selbst in diesem Prozess als Mutter, Lehrerin und Gott (nicht abschrecken lassen!). Sie ist für die Vision des Unternehmens zuständig (Gott), unterstützt ihre Mitarbeiter*innen dabei, ihre Bestimmung zu finden (Mutter), und hilft ihnen, neue Fähigkeiten zu erlernen (Lehrerin). Vivienne erzählte uns, dass sie oft Menschen einstellt, die rein formal für die zu besetzende Stelle noch nicht qualifiziert sind, die dafür aber neue Fähigkeiten ins Unternehmen bringen. Notfalls bringt sie selbst ihren Mitarbeiter*innen die *spezifischen* Fähigkeiten bei, die sie für ihre Aufgabe brauchen. Das ist möglich, weil Vivienne zu Beginn ihres Unternehmens noch viele Aufgaben selbst übernommen hat und deshalb das nötige Detailwissen mitbringt. Doch um ihr Unternehmen nach ihren Vorstellungen voranzubringen, sucht sie gezielt nach Menschen, die eine andere Perspektive einbringen. Mit anderen Worten: Mit ihrer Einstellungspolitik setzt sie auf Vielfalt und rekrutiert – wenn möglich – Menschen mit anderen Perspektiven und Denkmustern.

Mit Werten einstellen

Eine Menschen-orientierte Firma kann nur dann reibungslos funktionieren, wenn man den Einstellungsprozess von Anfang an sehr ernst nimmt. Schwieriger wird es, irgendwann auf halbem Weg zurückzurudern – vor allem, wenn nicht die richtigen Leute an Bord sind. Solange deine Firma klein ist, hast du alle Hände voll damit zu tun, die ersten Erfolge zu erzielen. Wenn dein Business dann aber Fahrt aufnimmt, brauchst du schnell die richtigen Mitarbeiter*innen, auf die du dich verlassen kannst. Da ein junges Unternehmen normalerweise nur wenig Zeit – und Geld – hat, tendiert man dazu, ad hoc und eher günstiges Personal anzuheuern. Man stellt beispielsweise die erstbeste Person ein, die mutig genug ist, eine Initiativbewerbung zu schicken. Das ist (meistens) ein Fehler. Stattdessen solltest du dir Zeit nehmen, den Einstellungsprozess gut zu durchdenken. So kannst du frühestmöglich ein Team aufbauen, das gut zusammenarbeitet und in dem sich alle in ihren Kompetenzen ergänzen. Die richtigen Personen einzustellen, muss nicht unbedingt teurer sein – falls das doch nötig wird, ist dein Geld an dieser Stelle aber am sinnvollsten investiert.

Unbedacht oder schlecht einzustellen, ist ein üblicher Fehler. Viele unserer Revolutionärinnen glaubten, vor allem zu Beginn den Einstellungsprozess abkürzen zu können, oder sie schoben wichtige Einstellungen vor sich her, aus Angst Fehler zu machen und / oder nicht die richtige Person zu finden. Eine einzige Person kann dein Unternehmen aber entscheidend voranbringen. Idas CTO (Technischer Direktor) beispielsweise war unglaublich wichtig für die Weiterentwicklung ihres Unternehmens. Er war weder günstig noch leicht zu finden. Aber wenn eine hoch bezahlte

Mitarbeiter*in dein Unternehmen zehn Prozent effizienter machen kann, dann lohnt sich die Investition auf jeden Fall.

Stephanie hatte ein ähnliches Problem. Sie stellte erst 25 Jahre nach Gründung einen Finanzvorstand ein. So war sie beim finanziellen Management ihres Unternehmens lange auf ihre eigenen Kenntnisse angewiesen – was die Liquidität des Unternehmens stark begrenzte. Erst spät wurde ihr klar, wie viel leichter ihr Leben gewesen wäre, wenn sie diese Position schon früher besetzt hätte.

Aber wie findet man die richtigen Leute? Der erste Schritt lautet: Kenne und lebe deine Werte! Wenn du es bereits geschafft hast, deine eigenen Werte und die deiner Firma zu definieren, sollten diese überall in der externen Kommunikation klar abgebildet werden – auch in deinen Stellenangeboten. Diese Grundsätze müssen ein integraler Bestandteil aller Vorstellungsgespräche und -prozesse werden. Dies kannst du beispielsweise sicherstellen, indem du bei jedem Bewerbungsgespräch eine weitere Person hinzuziehst, die ausschließlich darauf achtet, die Werte des Unternehmens und die der Bewerber*in abzugleichen. Nur wenn Bewerber*in und Unternehmen in puncto Wertesystem ähnlich ticken, sollte der Einstellungsprozess in die nächste Stufe gehen.

KURZ UND GUT: ZEHN FRAGEN, MIT DENEN DU IM VORSTELLUNGSGESPRÄCH DAS WERTESYSTEM DER BEWERBER*IN KENNENLERNEN KANNST

1. Wer ist die beste Chef*in oder Führungskraft, für die du je gearbeitet hast? Warum?

2. Wer ist die schlechteste Chef*in oder Führungskraft, für die

du je gearbeitet hast? Warum? (Hier darf die Bewerber*in gerne unpersönlich bleiben, um niemandem übel nachzureden)

3. Erzähl mir von einer Situation, die du rückblickend gerne anders gelöst hättest. Was würdest du in einer ähnlichen Situation in Zukunft anders machen?

4. Wie viel Feedback brauchst du, um deine Arbeit gut zu machen? Welche Art Feedback passt am besten zu dir?

5. Gibt es etwas, das du dir in den vergangenen sechs Monaten selbst beigebracht hast?

6. Wenn du Teil unseres Teams bei XYZ wirst, wie wirst du in einem Jahr beurteilen können, ob deine Arbeit erfolgreich war?

7. Was hat dich – abgesehen von deiner Ausbildung und deiner Berufserfahrung – zu dem Menschen gemacht, der du heute bist?

8. Erzähl mir von einem Ergebnis oder einem Projekt, auf das du besonders stolz bist.

9. Wann hast du das letzte Mal als Kund*in ausgezeichnete Leistungen erhalten? Was war so besonders daran?

10. Kannst du mit meinen Fragen etwas anfangen? (Mit dieser abschließenden Frage werden aktives Zuhören und Empathie getestet).[44]

Vivienne hat im Laufe ihrer Karriere viele Jobangebote großer Silicon-Valley-Firmen abgelehnt, unter anderem den Posten als Chief Scientist bei Uber. Und zwar aus einem ganz einfachen Grund: ihrem eigenen Wertesystem.

»Bei Uber war die gesamte Firmenstruktur nur darauf ausgerichtet, um jeden Preis den Profit zu maximieren. Dort war es in Ordnung, zu betrügen, den Staat mies zu behandeln und die Konkurrenz zu sabotieren. Das hat die Firma an den Rand des Ruins getrieben! NO WAY!«

Jennifer teilt viele von Viviennes Ansichten. Sie denkt beispielsweise darüber nach, bei Stellenangeboten komplett auf die Stellenbeschreibungen zu verzichten, die sie als entmenschlichend wahrnimmt. Denn sie reduzieren den Menschen auf einer Checkliste von Fähigkeiten. Diese basieren ohnehin oft auf der unrealistischen Vorstellung, dass Unternehmen genau wüssten, welches Skill Set nötig ist, um voranzukommen.

»Traditionelle Stellenbeschreibungen ignorieren die Einzigartigkeit jeder Person und ihre Vorstellungen von Selbstverwirklichung. Ich will das anders angehen. Die Ausschreibungen sollten zwar die gesuchten Fähigkeiten beinhalten, aber wir wollen auch wissen, was die Bewerber*innen antreibt, in welche Richtung sie sich entwickeln wollen und was ihre Ziele sind. Wenn das zu den Werten unserer Firma passt, dann haben wir eine Win-win-Situation. Wir sollten damit aufhören, unseren Mitarbeiter*innen spezifische Rollen aufzuzwingen und dann von ihnen zu erwarten, dass sie jahrelang das Gleiche tun.«

Ähnlich wie Vivienne rät Stephanie dazu, Leute auf Grundlage ihrer Werte einzustellen und den Mitarbeiter*innen dann die nötigen Skills beizubringen. Spezifische Funktionen besetzte sie eher selten, sondern rekrutierte kluge Köpfe, die dann ihre eigene Rolle und ihr eigenes Profil im Unternehmen entwickelten und definierten.

Wenn Joana neue Mitarbeiter*innen einstellt, sucht auch sie weniger nach einer bestimmten fachlichen Expertise, sondern nach persönlichen Fähigkeiten. Ihre unkonventionelle Organisationsstruktur braucht Mitarbeiter*innen, die emotional kompetent und intuitiv sind. Oder solche, die bereit sind, es zu werden. Joana sucht Mitarbeiter*innen, die auf das »Was« *und* das »Wie« achten, die also inhalts- und prozessorientiert zugleich denken können. Diese Fähigkeit ist für die Selbstorganisation unabdingbar. Außerdem braucht

Joana Mitarbeiter*innen, die ihre Stabilität aus einem starken Selbstwertgefühl ziehen und deshalb weniger abhängig von externer Bestätigung etwa durch die Führungskraft sind. Joana ist sich bewusst darüber, dass diese Anforderungen den Einstellungsprozess zu einer großen Herausforderung machen. Bei Vorstellungsgesprächen hält sie sich oft im Hintergrund und beobachtet die Bewerber*innen auf einer Metaebene. Dabei achtet sie weniger auf den inhaltlichen Teil des Gesprächs, sondern fokussiert sich auf die Interaktion, Körpersprache und den Kommunikationsstil der Bewerber*innen – also das, was oft als »Soft Skills« umschrieben wird. Inzwischen fragt sie Bewerber*innen sogar, was ihnen persönlich ein Gefühl von Sicherheit verleiht.

Für sie selbst gilt: »Mir geben mein Ehemann und meine zwei Kinder Sicherheit. Sie schätzen mich für das, was ich bin, und meine Beziehung zu ihnen ist voller Wärme und Liebe. Außerdem gibt es mir Sicherheit, dass ich über einen gewissen materiellen Wohlstand verfüge. Falls ich also einen Auftrag nicht bekomme, ist nicht gleich meine Existenz bedroht. Es gibt aber auch Leute, die diese Art externer Stabilität nicht brauchen oder ihre Sicherheit nur aus sich selbst ziehen können.«

Wertebasiertes Employer Branding

Employer Branding ist einer dieser schrägen Business-School-Ausdrücke, der sich irgendwie falsch anfühlt. Ähnlich wie der Begriff »Humankapital«, der Angestellte scheinbar zu einer Ware degradiert, reduziert Employer Branding das Unternehmen auf eine Marke, die zum Verkauf steht. Versteht man den Begriff aber schlicht als eine Art Gradmesser, der transparent macht, wie eine Firma von aktuellen oder zukünftigen Angestellten eingeschätzt wird, dann ist dieses Konzept sogar ziemlich wichtig.

Vivienne zufolge ist das Geheimnis vieler der global erfolgreichsten Unternehmen nicht ihr Produkt oder ihre Strategie, sondern »Dinge die sich schwer greifen lassen, sich aber unter dem Begriff Arbeitskultur subsumieren lassen. Eine gute Arbeitskultur spricht sich herum und zieht Bewerber*innen an, die wissen, was sie wollen, die intelligent und einfühlsam sind. Sie entsteht manchmal zufällig, kann aber auch sehr bewusst herbeigeführt werden. Frauen sind meistens besonders gut darin, ein Gemeinschaftsgefühl zu schaffen.«

Wie wichtig das ist, zeigt eine internationale Studie, wonach 44 Prozent der Millennials Stellenangebote abgelehnt haben, weil die Werte der Firma nicht zu ihren eigenen passten. 56 Prozent geben an, dass sie für bestimmte Firmen niemals arbeiten würden, weil ihnen deren Unternehmenswerte nicht gefallen – oder weil sie gar keine haben.[45] Employer Branding sollte also vor allem werteorientiert sein.

Aber was bedeutet das genau? Firmenwerte wirken in drei Richtungen: nach außen, nach innen und von unten nach oben. Nach außen gerichtete Werte sind deine Vision und Mission, sie sind deine Existenzberechtigung als Unternehmer*in. Sie beschreiben deinen Blick auf die Welt – und wie du sie gemeinsam mit deinen Mitarbeiter*innen verändern willst. Wir nennen sie Außenwerte oder A-Werte. Es ist wichtig, dass diese langfristig sind und vom Management definiert und dann gelebt werden. A-Werte sind wichtige Wegweiser für alle Mitarbeiter*innen, und sie bilden die Basis, auf der die Unternehmensziele definiert werden.

Die nach innen gerichteten Werte sind aber mindestens genauso wichtig. Denn I-Werte bestimmen, wie du und dein Team zusammenarbeiten, um die Ziele zu erreichen. Deine I-Werte sind oft direkt mit deinen A-Werten verbunden, dürfen sich aber, im Gegensatz zu den A-Werten, über die Zeit verändern. I-Werte können durch Schlagworte wie »Flexibilität«, »Diversität« und »Inklusivität« ausgedrückt werden. Aber was bedeuten diese Begriffe wirklich? Die Antwort ist: unterschiedliche Dinge für unterschiedliche Menschen. Manche definieren Flexibilität danach, wie frei sie ihre Anwesenheit im Büro gestalten dürfen. Für andere bedeutet es, einmal im Monat von zu Hause arbeiten zu dürfen. Für wieder andere hat Flexibilität nichts mit räumlichem Arbeiten zu tun. Deshalb ist es so wichtig, als Unternehmen diese Werte so präzise wie möglich zu kommunizieren. Dabei können Geschichten, Beispiele, Anekdoten und Testimonials sowie Fotos und Videos helfen zu zeigen, wie diese Werte in deiner Firma täglich gelebt werden.

Um sicherzustellen, dass die I-Werte wirklich gelebt werden, reicht es natürlich nicht aus, sie im Büro an die Wand oder auf die eigene Website zu schreiben. Der erste Schritt ist, die Werte erst einmal zu definieren. Der Weg dorthin ist häufig steinig. Denn üblicherweise entscheiden die Geschäftsführer*innen oder der Vorstand, dass die Firma (neue) Werte braucht, und weist dann die Personalchef*in an, ein paar Sätze zu formulieren – oder diktiert sie sogar direkt. Fehlanzeige! Damit I-Werte nicht leere Worthülsen bleiben, sondern im Alltag wirklich gelebt werden, ist es äußerst wichtig, dass sie durchs gesamte Team erarbeitet werden und eher an den Chef herangetragen werden als andersherum.

Durch unsere Arbeit bei tbd* haben wir Einblicke in viele verschiedene Organisationen bekommen. Dabei haben wir immer wieder festgestellt, dass ausschließlich vom Vorstand und / oder dem Management definierte Werte selten gelebt werden. Das Führungsteam ist oft zu weit von den Mitarbeiter*innen entfernt, um zu wissen, was diese antreibt. Und selbst wenn sie über dieses Wissen verfügen, so entfaltet die gemeinsame Erarbeitung der Unternehmenswerte im Team eine ganz andere Wirkung.

Gemeinsam mit Claire Born und Maren Drewes von der Unternehmensberatung BSPW hilft tbd* Organisationen dabei, das zu implementieren, was wir »Bottom-up-Employer-Branding« nennen. In unserem Ansatz definiert nicht das Management, sondern die Gesamtheit der Mitarbeiter*innen die Firmenwerte. Manchmal kann es vorkommen, dass die Ergebnisse im Management für Unmut sorgen (was schon bei einigen Firmen, die wir beraten haben, vorgekommen ist). Eine starke Dissonanz zwischen Mitarbeiter*innen und dem Management sollte alle Beteiligten alarmieren, denn offensichtlich ist die Verbindung zwischen Führung und Belegschaft nicht gut. Wenn die Werte gemeinsam definiert und sich alle mehr oder weniger einig sind, können die Werte mit Leben gefüllt werden.

Unternehmenswerte zu leben und in den Alltag zu integrieren, ist zentral. Denn wie soll irgendjemand eine Vorstellung davon bekommen, wenn der Wertekatalog in einer Schublade verstaubt? Sie durch Bildsprache und Videos zu kommunizieren, ist ein guter Anfang. Aber dann müssen Worten auch Taten folgen. Damit deine Unternehmenswerte von zukünftigen Bewerber*innen wahrgenommen werden, musst du sie leben und dafür sorgen, dass sie alles durchdringen, was du und dein Team tut. Es versteht sich von selbst, dass konkrete und gelebte Werte auch bei deinen Klient*innen und Kund*innen Resonanz finden werden.

Stephanie hat gezeigt, wie man es richtig macht. Schon 1984 arbeitete sie 18 Monate lang mit ihrem Team an einem Unternehmensleitbild, das schließlich zum »F International«-Manifest wurde: »Damals mag das exzentrisch gewirkt haben, und es hat endlose Diskussionen und Input von fast allen meinen Mitarbeiter*innen erfordert. [...] Heutzutage hat jedes Unternehmen ein Leitbild, und die meisten sind voller Worthülsen und Plattitüden. Unser Leitbild gehörte zu den Ersten. Ich bezweifle, dass es seitdem viele andere gegeben hat, in denen die unsichtbaren Kräfte, die ein bestimmtes Unternehmen antreiben, so genau beschrieben worden sind, wie bei uns.«[46]

Das »F International«-Manifest lautet folgendermaßen:

Leitbild:
Unser Ziel ist es, langfristig eine führende Stellung in der rapide wachsenden und hochprofitablen, wissensintensiven Softwarebranche einzunehmen. Dies wollen wir erreichen, indem wir moderne Kommunikationswege und die ungenutzte intellektuelle Energie von

Individuen und Gruppen erschließen, die nicht in einer konventionellen Arbeitsumgebung tätig sein können.

Werte:
Menschen sind der entscheidende Faktor in allen wissensintensiven Branchen. Die Fähigkeiten und die Loyalität unserer Mitarbeiterinnen sind unser höchstes Gut. Genauso wichtig ist das durch Ideenaustausch mit unseren Klientinnen und deren Angestellten generierte Wissen. Menschliche und ethische Werte spielen folglich eine entscheidende Rolle in der Unternehmenspraxis einer Organisation wie F International. Dies gilt besonders für eine Struktur, die so offen und frei ist wie F International. Um in einer solchen Umgebung ein hohes Maß an Kreativität, Produktivität und Kohärenz aufrechtzuerhalten, brauchen wir ethische Werte und professionelle Standards, mit denen sich alle Mitarbeiterinnen identifizieren. Diese müssen durch die Organisation gelebt und gestärkt werden. F International hat dafür die eigenen Werte in einem Manifest definiert:[47]

1. Professionelle Exzellenz
Als langfristiges Ziel wollen wir unsere professionellen Fähigkeiten verbessern, damit wir unseren Kundinnen dauerhaft qualitativ hochwertige Produkte liefern können. Wir wollen außerdem unser berufliches Potenzial als Menschen voll ausschöpfen und unsere Organisation auf eine Art weiterentwickeln, die unsere Individualität und unsere besondere Herangehensweise widerspiegelt.

2. Wachstum
Wir haben uns zum Ziel gesetzt, das volle Potenzial
unserer Organisation auf nationaler und internationaler
Ebene auszuschöpfen. Wir wollen mindestens so schnell
wachsen wie die Softwarebranche selbst, um unsere
Stellung als attraktive Arbeitgeberin und wettbewerbs-
fähige Produzentin zu halten.

3. Wirtschaftliche und psychologische Honorierung
Es ist unser Ziel, für unsere Anstrengungen in der Entwicklung unseres einzigartigen Wettbewerbsvorteils,
den unsere Struktur und unsere Fähigkeiten uns bieten,
angemessen wirtschaftlich und psychologisch entlohnt
zu werden. Wir wollen Profit erwirtschaften, unsere
Mitarbeiterinnen honorieren, die Arbeitnehmerstiftung
erhalten und allen Aktionären attraktive Gewinne bieten.

4. Integrierte Vielfalt
Aus Effizienzgründen vereinheitlichen wir gewisse Prozesse über Ländergrenzen hinaus. Dennoch respektieren
wir die nationalen Kontexte, in denen wir arbeiten.

5. Universelle Ethik
Wir respektieren lokale Bräuche und Gesetze, sehen
uns aber als Mitglieder einer Weltgesellschaft, in der
nicht der Profit und regionale Belange im Mittelpunkt
stehen, sondern ethisches Verhalten und die Würde des
Menschen.

6. Wohlwollen
Zu unseren ethischen Grundsätzen gehört der Glaube
daran, dass andere uns wohlgesinnt sind: Kollegen,

Kunden und Verkäufer. Wir glauben auch daran, dass
Wohlwollen zu langfristig positiven Beziehungen führt.

7. Enthusiasmus

Abschließend glauben wir daran, dass die Begeisterung
für unser Team und unser Produkt sowie die Fähigkeit,
diese auch in anderen zu wecken, der wichtigste
Aspekt des Führungsstils unseres Unternehmens ist.
Enthusiasmus fördert Kreativität, Kooperation und
Profit.

All dies wurde möglichst transparent für jegliche Interessierten öffentlich gemacht, auch für Konkurrenten. Sehr
progressiv. Sehr inspirierend.

Eine Einstellungspolitik der Vielfalt

Jede Einzelne der Revolutionärinnen führte Diversity als
wichtigen Faktor in der Anwerbung neuer Mitarbeiter*innen
an. Nicht aus selbstlosen Gründen, sondern um sicherzustellen, dass sie selbst (und andere Teammitglieder) unterschiedlichen Perspektiven und Fertigkeiten begegnen sowie
Erfahrungen machen können, die ihre eigenen ergänzen oder
sogar infrage stellen. Sowohl Catherine als auch Vivienne
legen großen Wert darauf, von ihren Teams herausgefordert
zu werden, wenn sie falsch liegen. Vivienne sagt zwar
deutlich, dass sie keine Geduld mit Zeitverschwendern hat,
die Kritik nur üben, um besonders schlau zu wirken. Wenn
aber jemand wirklich einen Verbesserungsvorschlag hat,
dann gibt es aus ihrer Sicht keinen Grund, damit hinterm
Berg zu halten.

Auch Catherines Angestellte werden darin bestärkt, bei Meetings ihre Meinungen zu äußern. Das ist keinesfalls selbstverständlich, weil wir alle dazu erzogen werden, Autoritätspersonen nicht infrage zu stellen. Und genau das übt Catherine nun mit ihren Mitarbeiter*innen.

Für Joana ist eine Arbeitsumgebung mit vielen unterschiedlichen Perspektiven entscheidend für den Firmenerfolg. Den Herausforderungen der Zukunft begegne man am ehesten mit einem Selbstorganisationsmodell, das der gesellschaftlichen Vielfalt entspreche:»Die Welt wird immer komplexer, und immer häufiger sind mehrere Perspektiven nötig, um Entscheidungen zu treffen. Angestellte aber haben oft Angst, offen zu sprechen, selbst wenn ihre Chef*innen ihnen Entscheidungsrechte und freie Meinungsäußerung zugesichert haben. Das Selbstorganisationsmodell erlaubt es möglichst vielen Menschen, mitzuwirken und ihre volle Leistung einzubringen. In unserer beschleunigten Welt machen es alte Top-down-Prozesse schwieriger, schnell gute Entscheidungen treffen.«

Eine Belegschaft, die Vielfältigkeit lebt, indem sie verschiedene Perspektiven einbindet, ist für viele Führungskräfte eine Herausforderung. Für Personen, die sich über ihre eigenen Stärken und Schwächen im Unklaren sind – sei es wegen eines überdimensionierten Egos und/oder tief sitzender Unsicherheiten –, ist die Situation unerträglich. Unter anderem deshalb ist es so wichtig, als Führungskraft an den eigenen Baustellen zu arbeiten. Denn Selbstreflexionen und Offenheit sind nötig, um ein innovatives Umfeld zu schaffen, in dem ein wirklicher Austausch von Ideen stattfinden kann.

Diversity in Rekrutierung und Management

Viele Studien belegen die positive Wirkung von divers aufgestellten Teams. Diversität am Arbeitsplatz kann sowohl die Leistungen der Mitarbeiter*innen als auch der gesamten Firma steigern, indem sie Innovation, Kreativität, Flexibilität und Agilität verbessert.[48]

Allerdings wird dem Thema von vielen Unternehmen noch immer nicht genug Bedeutung zugemessen. Das ist leider menschlich: Die meisten Menschen tendieren dazu, sich mit Gleichgesinnten zu umgeben. In unserer Einstellungspraxis bevorzugen wir deshalb oft unbewusst Bewerber*innen, deren Persönlichkeit der unseren sehr ähnelt – dies ist der sogenannte Klon- oder Mini-Me-Effekt.[49]

Um diesem Phänomen und anderen Vorurteilen entgegenzuwirken und Diversity zu einem Teil der Unternehmens-DNA zu machen, ist häufig externe Unterstützung nötig. Erste Schritte sind beispielsweise Anti-Bias- oder Anti-Diskriminierungs-Trainings.[50] Auch durch gemeinsam erarbeitete Antidiskriminierungs-Richtlinien und das Implementieren von Evaluierungs- und Beförderungsprozessen, die den Einfluss von Vorurteilen reduzieren, nähert man sich einer gelebten Unternehmensvielfalt. Und dann müssen den Worten Taten folgen: Denn wer es wirklich ernst meint mit Diversity, sollte keine Mühen scheuen, ein wirklich inklusives Arbeitsumfeld zu schaffen. Dazu gehört, Genderfestschreibungen zu reduzieren, das Büro behindertengerecht auszustatten und flexibel in Bezug auf Jobsharing und Homeoffice zu sein.

Google weiß um die Wichtigkeit von Diversity für seinen zukünftigen Erfolg. Das Unternehmen veröffentlichte Studien darüber, wie man Arbeitsplätze inklusiver machen kann. Google hat außerdem Einstellungs-Tools, Leitfäden und Trainingshandbücher entwickelt, die auf seiner re:Work-Website zu finden sind.[51]

Die richtigen Anreize bieten

»Wenn dieses Projekt vorbei ist, werden wir alle bessere Menschen sein? Oder werden wir einfach nur an einem Projekt gearbeitet haben?«

VIVIENNE

Wenn Vivienne neue Leute einstellt, möchte sie ganz sicher sein, dass diese einen hohen Grad an intrinsischer Motivation mitbringen. Sie möchte, dass sich ihre Mitarbeiter*innen bewusst für diesen Job entscheiden, ganz einfach, weil es zu ihrem persönlichen Masterplan passt.

»Man muss gut darüber nachdenken, welche Anreize man in das System einbaut, und explizit externe Anreize minimieren. Man will Angestellte, die ihren Job um seiner selbst willen tun, und das bedeutet, dass man das Managementsystem umstellen muss. Du solltest deine Angestellten nicht deiner Firma anpassen, sondern einen Weg finden, wie die Arbeit deinen Angestellten wirklich etwas bedeuten kann. Dazu musst du nicht nur die persönlichen Ziele aller Mitarbeiter*innen kennen, sondern ihnen auch dabei helfen, diese Ziele zu erreichen. Es bedeutet, jeden neuen Angestellten mit der Botschaft zu begrüßen: Du bist hier, um zu wachsen – und ich bin hier, um dir dabei zu helfen.«

Dafür ist es wichtig, alle Kandidat*innen schon während des Bewerbungsprozesses sehr gut einschätzen zu können und zu verstehen, was sie antreibt. Als Daten-Nerd ist Vivienne davon überzeugt, dass Unternehmen in Zukunft auch künstliche Intelligenz nutzen werden, um die richtigen Mitarbeiter*innen zu finden. Denn Menschen – mit all ihren Vorurteilen – sind in dieser Hinsicht von Natur aus unzuverlässig. Doch es geht auch darum, einen Arbeitsplatz zu schaffen, der potenziellen Mitarbeiter*innen das Gefühl gibt, hier sie selbst sein und ihre Ziele erreichen zu können.

Catherine beschreibt ihr Verhältnis zu ihren Angestellten als Transaktion. Keine finanzielle Transaktion, obwohl auch das natürlich dazugehört. Sie fragt sie ausdrücklich danach, was sie ihnen im Austausch für die geleistete Arbeit bieten kann. Das können Anreize wie Aufstieg oder persönliche Entwicklung sein – und das nicht unbedingt in ihrer eigenen Firma.

Ähnlich wie Vivienne ist auch Catherine bescheiden und realistisch genug zu wissen, dass ihre Angestellten irgendwann ihrer Firma verlassen werden, um neue Schritte zu gehen. Dabei will Catherine sie unterstützen. Was das Finanzielle angeht, so gibt sie ihren Mitarbeiter*innen Anteile am Unternehmen. Auf diese Weise werde dem Team, anders als beim Bonusmodell, ein Gefühl echter Beteiligung vermittelt. Anstatt individueller Leistungen werden Teamleistungen belohnt.

Genau wie bei Stephanie in den 1970ern. Sie bot all ihren Mitarbeiter*innen Unternehmensanteile an. Zusätzlich zu ihren Gehältern konnten ihre Angestellten am Quartalsende zwischen einem Geldbonus, Anteilen oder materiellen Belohnungen wie zum Beispiel einem Firmenwagen wählen (Es waren andere Zeiten!). So konnten die unterschiedlichen Bedürfnisse ihrer Teammitglieder berücksichtigt werden, denn alle waren in unterschiedlichen Lebensphasen und brauchten unterschiedliche Dinge zu unterschiedlichen Zeiten.

Unsere Gespräche mit den Revolutionärinnen haben gezeigt, dass es auch beim Thema Incentivierung kein für alle Angestellten passendes Patentrezept gibt. Gründer*innen müssen also Zeit und Mühe darin investieren, ihre Mitarbeiter*innen sehr gut kennenzulernen, um zu verstehen, wie

jede*r Einzelne tickt. Vivienne hat das mit Teams von bis zu
600 Mitgliedern geschafft – was nicht heißen soll, dass sie zu
jede*r Einzelnen eine persönliche Beziehung aufgebaut hat.
Aber sie hatte Führungskräfte gefunden, die diese Führungs-
verantwortung ausfüllten.

Wenn aber Tausende von Menschen für eine Firma
arbeiten, stößt man automatisch an Grenzen. Es ist schlichtweg unmöglich, so viele gute Führungskräfte zu finden, vor
allem, wenn jede eine tiefe, verständnisvolle und persönliche
Beziehung zu ihren direkten Untergebenen haben soll. Auch
wenn Technologie und KI irgendwann dabei helfen werden,
wird es eine große Herausforderung bleiben. Deshalb ist es
so wichtig, die spezifischen Werte und die eigene Arbeitskultur von Anfang an in der Firma zu verankern.

Zu meiner Zeit als Angestellte fand ich heraus, dass ein
Kollege mit einem ganz ähnlichen Stellenprofil mehr ver-
diente als ich. Ich war sehr enttäuscht, als ich von diesem
Gehaltsgefälle erfuhr. Obwohl ich weiß, dass Unterschiede
bei der Entlohnung üblich sind, war ich verärgert. Warum
war all meine engagierte Arbeit finanziell betrachtet weniger
wert als ein kurzer Augenblick während des Vorstellungs-
gesprächs, in dem ich gefragt wurde, welches Gehalt ich mir
vorstellte?

Geld ist immer ein heikles Thema. Es kann andere

Schwierigkeiten verstärken und kleine Ärgernisse in grundlegende Probleme verwandeln. Damals fühlte ich mich für meine Arbeit ohnehin nicht genug gewürdigt. Also führte die Tatsache, dass ich auch noch schlechter bezahlt wurde, dazu, dass ich mir von meinem Arbeitgeber verraten vorkam. Das versetzte meiner Motivation einen ordentlichen Dämpfer und machte mich noch unzufriedener in meinem Job.

Die Pseudo-Wahrheit, dass man bekommt, wofür man bezahlt, ist immer noch weitverbreitet: Wenn man gute und motivierte Mitarbeiter*innen will, muss man ihnen auch viel zahlen. Es gibt allerdings eine Menge Studien, die in eine andere Richtung weisen.[52] Sie zeigen, dass finanzielle Anreize nicht zwangsläufig zu qualitativ besserer Arbeit führen, aber durchaus Auswirkungen auf die intrinsische Motivation der Angestellten haben.

»Wenn man die Leute dazu bringt, dem Geld nachzujagen (...), hat man nichts als Leute, die dem Geld nachjagen«,[53] oder, wie unsere Revolutionärin Vivienne es formuliert: »Je wichtiger externe Anreize im Unternehmen sind, desto stärker richten Mitarbeiter*innen ihr Tun danach aus.«

Trotzdem ist Geld häufig der Hauptmagnet für Talente in der Geschäftswelt, und so wird es zu einem Ersatz für viele andere Dinge – zum Beispiel Wertschätzung. In meinem Fall hätte der Motivationsknick durch den zufällig herausgefundenen Gehaltsunterschied vermieden werden können. Und zwar, indem die Qualität meiner Arbeit und nicht die Qualität meiner Gehaltsverhandlungen belohnt worden wäre. Aber genauso durch Transparenz bei den Gehältern! Dann hätte ich das Problem offen ansprechen können. Stattdessen fühlte ich mich, als hätte ich ein schmutziges Geheimnis erfahren.

Deshalb bestand ich auf völliger Transparenz in Gehaltsfragen, als ich meine eigene Firma gründete. Wer auf derselben Ebene arbeitet, bekommt auch dasselbe Gehalt. Wenn sich im Laufe der Zeit Aufgaben und Verantwortlichkeiten ändern, wird das Gehalt angepasst. Durch diese Offenheit vermeide ich unangenehme Geldthemen so gut wie möglich. Ich bemühe mich außerdem, eine Arbeitsumgebung zu schaffen, die mein Team nicht durch finanzielle Anreize motiviert.

Leute ziehen lassen

»Man muss bereit sein, Leute gehen zu lassen. Nicht weil sie schlecht arbeiten oder nicht erfolgreich sein könnten, sondern weil du nicht die richtige Person bist, ihnen dabei zu helfen, Erfolg zu haben. Dein Unternehmen ist nicht der Ort, an dem sie ihr Ziel erreichen werden. Alle Organisationen haben nur begrenzte Ressourcen. Und Organisationskulturen sind nicht für jede*n gleich gut geeignet. An diesem Punkt muss man einfach brutal ehrlich sein.«

VIVIENNE

Leider haben die meisten Menschen in eher konventionellen Unternehmenskulturen Erfahrung gesammelt. Willst du ein Menschen-zentriertes Unternehmen aufbauen, so ist es Teil deiner Verantwortung, deinen Mitarbeiter*innen die »neue« Kultur nahezubringen. Wenn du merkst, dass sie Probleme damit haben, ist es wichtig, offen darüber zu sprechen und ihnen Hilfe in Form von regelmäßigen Feedback-Sessions oder externem Coaching anzubieten. Solltest du im Laufe der Zeit feststellen – idealerweise in Übereinstimmung mit deiner Mitarbeiter*in –, dass auch das nicht funktioniert, muss womöglich ein Weg gefunden werden, sich einvernehmlich voneinander zu trennen.

Wir glauben fest daran, dass jeder Mensch Stärken und ein Recht darauf hat, sich selbst zu verwirklichen. Wenn du jemanden in einem Job oder einer Firma hältst, die nicht ihrem Potenzial oder ihren Zielen entspricht, erweist du der Person einen Bärendienst. Ganz zu schweigen von dem Schaden, den es in deiner Firma anrichten kann. Eine gute Chef*in zu sein, bedeutet, den Mut zu haben, das langfristig Richtige zu tun, selbst wenn man dafür kurzfristig schwierige und unbeliebte Entscheidungen treffen muss.

Kapitel 7

Radikale Veränderung durch bewusstes Wachstum und Innovation

Vor einigen Monaten hielten wir beide gemeinsam einen Vortrag auf einer der vielen Berliner Start-up-Konferenzen. Am Eingang wurden wir gebeten, uns einen farbigen Sticker aufs Shirt zu kleben – vermutlich als Ice-Breaker, um mit den anderen Teilnehmer*innen und Sprecher*innen leichter ins Gespräch zu kommen. Als Firmengründerinnen hatten wir genau drei Kennzeichnungen zur Auswahl: »Pre-Seed« (Gründungsphase), »Seed« (erste Finanzierungsrunde) oder »Series A« (Wachstumsfinanzierung). Diese Begriffe sollen einer Investor*in signalisieren, wie viel Geld man gerade fürs eigene Unternehmen braucht. Damit wurden wir schon am Eingang der Konferenz auf ein einziges Ziel, nämlich das Finden eines Investors, reduziert. Als ob es nur diesen einen Weg gäbe und als ob unsere Identitäten und Werte als Unternehmerinnen keine Rolle spielten. Das ist übrigens nicht untypisch für solche Konferenzen: Fast immer geht es um Themen wie Finanzierung und Wachstum. Für einen angeblich so »disruptiven« Sektor sind Start-up-Konferenzen (und Start-up-Leute) – oft erstaunlich uninnovativ.

Ein Beispiel dafür ist das vorherrschende Wachstumsmodell mit dem Diktum »Klein anfangen, aber dann ganz schnell der Größte werden« – und zwar mit Risikokapital.

Wann immer wir Unternehmerkolleg*innen bei Start-up-Events treffen, werden in den ersten 30 Sekunden unweigerlich zwei Fragen gestellt: Erstens: Wie groß ist dein Team? Zweitens: In welcher Investmentrunde seid ihr? Falls wir nicht lügen, um uns und unserem Gegenüber eine peinliche Situation zu ersparen, werden unsere Antworten meist mit einem verlegenen Nicken kommentiert. Gefolgt von einem schnellen Abgang. Denn unsere Firmen sind *nicht* riesig, und wir haben auch *keine* Millionen an Kapital. Also beobachten wir unsere Gesprächspartner*in dabei, wie sie zur nächsten Teilnehmer*in eilt, die ihnen so viel mehr Start-up-Weisheit oder wichtige Kontakte bieten könnte. Denn Start-up-Erfolg wird üblicherweise an der Investmentsumme gemessen – je größer die Investition, desto besser bist du. Andere Metriken, die wirklich etwas über den Erfolg eines Unternehmens ausdrücken würden, werden größtenteils ignoriert.

Diese Haltung setzt Gründer*innen unter enormen Druck, Geld aufzutreiben und schnell zu wachsen – oft schneller, als für die Gründer*in, die Firma und die Mitarbeiter*innen gut und gesund ist. Von der Auswirkung auf unseren Planeten ganz zu schweigen. Die Idee von unendlichem Wirtschaftswachstum ist aber lediglich ein Paradigma.[54] Wir glauben zwar alle, dass es so sein *muss*, aber tatsächlich ist es ein modernes Phänomen. Ganz offensichtlich brauchen wir einen Paradigmenwechsel. Uns frustriert, dass viele kluge Menschen aus der Start-up-Welt größtenteils diesem Ziel des grenzenlosen Wachstums hinterherrennen und Druck auf andere ausüben, dasselbe zu tun, weil es wenig Raum für andere Narrative zulässt.

Alternativen zum »Wachstum um jeden Preis«

Die gute Nachricht ist: Es geht auch anders. Als Jennifer ihre Firma gründete, brauchte sie Expertise, Zugang zu wichtigen Netzwerken – und Kapital. Also beschloss sie, sich ein »Inkubator«-Programm zu suchen. Doch sie wollte von Beginn an keinesfalls dem klassischen Start-up-Finanzierungsmodell folgen, das schnelles Wachstum über alles andere stellt. »Ich weiß, dass Sie nach einem Home Run suchen, aber wie wäre es denn mit einem Double?[55]«, bot sie dem Investment-Komitee an. »Ich habe nicht vor, ein riesiges Unternehmen aufzubauen. Das könnte für unsere Firmenmission sogar schädlich sein.«

Jennifer hat nichts dagegen, mit ihrer Firma zu wachsen – was sie aber ablehnte, war Wachstum um jeden Preis. Stattdessen wollte sie sich alle Optionen offenhalten und ihre Firma vor allem so weiterentwickeln, dass der Impact im Mittelpunkt steht. Nach vier Jahren auf dem US-Markt mit 18 Mitarbeiter*innen hat sie übrigens gerade ihre zweite Finanzierungsrunde abgeschlossen. Mithilfe der eingesammelten 1,5 Millionen US-Dollar will sie nach Skandinavien expandieren.

Eines unserer Probleme mit dem aktuellen Finanzierungsmodell ist: Es setzt langsameres, stabiles Wachstum mit mangelndem Enthusiasmus oder Ehrgeiz gleich. Natürlich ist das oft eine totale Fehleinschätzung. Wachstum ist nur dann sinnvoll, wenn es dir, deiner Firmenmission und deinem Team nützt. Wachstum als Selbstzweck dagegen ist langweilig, fantasielos und Ego-getrieben. Außerdem zerstört es unseren Planeten und spaltet Gesellschaften.

Falls du dein Unternehmen achtsam erfolgreich machen willst – anstatt falschen Konzepten von Erfolg nachzujagen –, haben wir für dich ein paar unserer Erkenntnisse zum Thema »Wachstum« zusammengetragen.

Wachstum durch Finanzierung

Natürlich ist Geld per se nicht böse. Es kann eine extrem positive Kraft entwickeln – vor allem, wenn es gezielt und im Einklang mit ethischen Werten eingesetzt wird. Unser Verhältnis zu Geld sagt eine Menge über unser Selbstwertgefühl aus. So weist Vivienne darauf hin, dass Unternehmerinnen in Finanzierungsrunden immer noch nach weniger Geld fragen als ihre männlichen Counterparts. Wissenschaftler*innen haben allerdings herausgefunden, dass Unternehmerinnen nach mehr Geld fragen, wenn sie von anderen Unternehmerinnen umgeben sind, die ebenfalls mehr Geld bekommen haben. Ein weiterer Beleg dafür, dass fehlende Gendergerechtigkeit NICHT durch individuelle Maßnahmen gelöst werden kann – wie etwa absurde Trainings, die zur Stärkung des Selbstbewusstseins von Frauen angeboten werden. Echten Wandel kann es nur geben, wenn sich das System verändert.

Wir müssen uns eingestehen, dass unser aktuelles Start-up-Finanzierungssystem von Männern für Männer geschaffen wurde und dass es Frauen nicht auf dieselbe Weise repräsentiert und fördert. Es wird zwar viel getan, um den Status quo hin zu mehr Gleichberechtigung zu verändern, aber wollen wir wirklich Teil dieses Systems werden? Wir sollten uns davon verabschieden, Frauen in ein kaputtes System zu integrieren, und stattdessen diejenigen Frauen (und Männer) unterstützen, die Alternativen zu diesem System schaffen.

Wie viele Gründer*innen sah Anna anfangs in der Investor*innensuche den besten und einzigen Weg, ihre Firma zu vergrößern. Heute liefert Wildling Shoes den Beweis dafür, dass es einen anderen Weg gibt. Business Angels[56] und Risikokapitalgeber verschaffen dir vielleicht die meisten Punkte im Start-up-Bingo, sind aber nicht für alle jungen Unternehmen die richtige Wahl. Zumal wenn dieses Unternehmen in der Absicht gegründet wurde, »alles anders zu machen« und sich nicht den Regeln und Anforderungen anderer Leute unterwerfen zu wollen. Anna und Ran gründeten ihre Firma 2015 mit einem Förderkredit über 150 000 Euro von der Kreditanstalt für Wiederaufbau (KfW), einer Förderbank in Staatsbesitz. Die KfW haftet für bis zu 80 Prozent der Darlehen, die Unternehmensgründer*innen von traditionellen Banken erhalten, was das Risiko für beide Parteien verringert. Programme wie dieses führen dazu, dass Banken an junge Unternehmen einfacher Kredite vergeben. In Annas Fall dauerte es zwar einige Monate, bis der Kredit genehmigt wurde, aber die Bewilligung basierte einzig und allein auf dem Geschäftsplan für Wildling – sie hatten in diesem Stadium noch nicht mal einen Prototyp. Mit dem Kredit konnten sie sowohl eine Crowdfunding-Kampagne machen, die ihre erste Produktionsserie finanzierte, als auch alle Betriebskosten von Marketing bis zur Logistik für einen gewissen Zeitraum decken. Der Erfolg ihrer ersten Crowdfunding-Kampagne, bei der sie 75 000 Euro einsammelten, stärkte ihr Vertrauen in ihr Produkt. Sie bauten ein kleines Team auf und legten los.

KURZ UND GUT:

CROWDFUNDING UND CROWDINVESTING

Per Crowdfunding können Personen, Organisationen, gemein-
nützige Einrichtungen oder Projekte ihre Online-Community um
finanzielle Unterstützung für ihr Anliegen bitten. Mit geschickten
Social-Media-Kampagnen lässt sich eine riesige Zahl von Inter-
essenten erreichen, mittlerweile mehr als mit traditionellen Fund-
raising-Kampagnen.[57]

Die Anfänge von Crowdfunding gehen weit zurück: Die
Freiheitsstatue zum Beispiel, ein französisch-amerikanisches
Gemeinschaftsprojekt, konnte fast nicht aufgestellt werden, weil
die Finanzierung für den Sockel fehlte. Dank einer Zeitungs-
kampagne, in der Leser*innen um Spenden gebeten wurden,
konnte das Podest der Statue rechtzeitig fertiggestellt
werden.[58]

2006 gründete Michael Sullivan die Plattform Vundavlog und
führte den Begriff »Crowdfunding« ein, kurz darauf entstanden
weitere Crowdfunding-Plattformen wie Indiegogo (2008) und
Kickstarter (2009). Seither wächst die weltweite Crowdfunding-
Community stetig.[59] Im Juli 2019 betrug die Zahl aller jemals auf
Kickstarter lancierten Projekte 450 754, die Erfolgsrate lag bei
37,4 Prozent. Allein auf Kickstarter wurden dadurch 4,7 Milliarden
US-Dollar gesammelt.[60] Der Wert des gesamten globalen Crowd-
funding-Markts beträgt bisher über 6 Milliarden Euro. Wenn sich
die Wachstumsrate der vergangenen Jahre fortsetzt, wären es im
Jahr 2023 schon 10,61 Milliarden Euro.[61]

Mehrere Websites geben einen guten Überblick über die
Kosten, Support-Systeme und Reichweiten der einzelnen Plattformen.[62] Wenn du unsicher bist, welche Plattform die richtige für
deine Bedürfnisse ist, findest du dort wertvolle Tipps. Die wichtigsten Erfolgsfaktoren für eine erfolgreiche Kampagne werden in
einer Reihe von Videos und Artikeln erklärt.[63]

Dieser Überblick über erfolgreiche Crowdfunding-Kampagnen wurde vom Startup.com-Team erstellt; alle Werte sind Durchschnittswerte.[64]

- Erfolgreiche Crowdfunding-Kampagnen werben etwa 7000 Dollar ein.
- Um eine erfolgreiche Crowdfunding-Kampagne vorzubereiten, braucht man etwa 11 Tage.
- Kampagnen dauern ungefähr neun Wochen.
- Die durchschnittliche Spende beträgt 88 US-Dollar.
- Wenn innerhalb der ersten Woche 30 Prozent der angestrebten Summe zusammengekommen sind, steigen die Chancen, dass eine Kampagne erfolgreich ist.
- 42 Prozent des Spendenaufkommens geht in den ersten und letzten drei Tagen einer Kampagne ein.
- Crowdfunding-Kampagnen, hinter denen ein Team steht, sammeln deutlich mehr Geld als Solo-Kampagnen (ein Plus von 38 Prozent).
- Zeitdruck wirkt! Kurze Kampagnen sind erfolgreicher, die ideale Dauer liegt zwischen 20 und 40 Tagen.
- Tägliche E-Mails zum Crowdfunding-Projekt führen zu einem bis zu dreimal höheren Endbetrag.
- Social Media ist ein wichtiger Faktor für das Gelingen deiner Kampagne. Mit der Zahl deiner Facebook-Freunde steigt auch die Erfolgswahrscheinlichkeit.

ERFOLGSGESCHICHTEN

In Deutschland startete EDITION F, ein Business- und Lifestyle-Onlinemagazin für Frauen, eine sehr erfolgreiche Crowdfunding-Kampagne für Online-Kurse, die sie »Female Future Force Academy« nennen. Das Spendenziel von 100 000 Euro war innerhalb einer Woche erreicht. Insgesamt wurden auf Startnext 381 241 Euro eingeworben.[65]

Anna Yona, unsere Revolutionärin von Wildling Shoes, hatte bei ihrer Kickstarter-Kampagne 15 000 Euro als Spendenziel angegeben und erreichte 75 364 Euro mit 513 Unterstützer*innen.[66] Auch die englischsprachige Originalausgabe dieses Buches ist übrigens ein Beispiel für eine erfolgreiche Crowdfunding-Kampagne. Eine unglaubliche Online-Community gab uns finanzielle Ressourcen, Feedback, Ratschläge und Unterstützung – und half uns dabei, ein paar der fantastischen Revolutionärinnen für dieses Buch zu finden. Zweifellos spielten dabei auch unsere persönlichen Netzwerke eine wichtige Rolle. Unsere Unternehmen haben ein breites Social-Media-Publikum, bestehend aus Presse und Medien, Partner*innen, Follower*innen, Blogger*innen und Influencer*innen. Auch unsere Teams halfen dabei, unsere Reichweite und Wirkung zu vergrößern.

Mit dem EDITION-F-Team sprachen wir über seine Erfahrungen im Crowdfunding und bekamen einige wichtige Ratschläge:

- Bestimme wichtige Spender*innen bereits im Vorfeld. Binde sie frühzeitig ein und lass dir, wenn irgendwie möglich, ihre Unterstützung zusichern. Denn Kampagnen, die schon zu Beginn großzügig unterstützt werden, sind erfolgreicher, weil die Leute einfacher auf den fahrenden Zug aufspringen.
- Spar nicht an den Kosten für die Kampagne. Du solltest ein gutes Video produzieren sowie eine Presse- und Social-Media-Strategie entwickeln. Je nach Spendenziel kann dieser Prozess zwei Leute mehr als zwei Monate voll beschäftigen.

Crowdfunding und Crowdinvesting werden oft synonym verwendet. Beide sind zwar »Crowd-basierte« Finanzierungsmethoden, unterscheiden sich aber durchaus. Crowdinvesting bedeutet, dass

Menschen in ein Start-up investieren und im Gegenzug Anteile erhalten. Dadurch profitieren sie sowohl von den Gewinnen des Unternehmens als auch von einem möglichen zukünftigen Verkauf. Es gibt unterschiedliche Gründe dafür, »Crowdinvestor*in« zu werden. Manche Menschen wollen einfach eine gute Idee unterstützen, andere tun es ausschließlich aus finanziellen Gründen.[67] Crowdfunding ist im Gegensatz zu Crowdinvesting spenden- oder produktbasiert und zieht keine langfristige Beziehung zum Start-up nach sich. Beide Finanzierungsmöglichkeiten sind für Unternehmen eine gute Alternative zu traditionellen Finanzierungsmöglichkeiten, vor allem, wenn die eigene Geschäftsidee für Investoren eher unattraktiv ist oder der Wunsch stark ist, unabhängig und selbstbestimmt zu bleiben.

Bleib deinen Werten treu

Ein Darlehen, Crowdfunding oder – wenn man viel Glück hat – finanzielle Unterstützung durch Familie und Freunde können ein Start-up oft bis zum »Proof of Concept« (Machbarkeitsnachweis) bringen. Sobald deine Idee auf dem Markt getestet wurde, ist für viele der nächste Schritt, um richtig loslegen zu können, sich auf Investorensuche zu begeben.

2016 wurde Anna von einem großen Unternehmen angesprochen, das daran interessiert war, einen beträchtlichen Geldbetrag in Wildling zu investieren: »Zu diesem Zeitpunkt freuten wir uns sehr über die Möglichkeit, einen so starken Partner für uns gewinnen zu können. Denn diese Firma macht vieles gut, die Leute dort hätten das Know-how und die finanziellen Mittel gehabt, uns beim Wachsen zu helfen. Sie hätten viel für Wildling bewirken können.«

Aber schon bald wurde klar, dass das Unternehmen hauptsächlich gewinnorientiert vorgehen wollte, während Anna andere Dinge wichtiger waren. »In einer der ersten Diskussionen ging es darum, die Produktion nach Asien zu verlagern. Das war auch einer der Gründe, warum wir letztlich doch nicht zusammenarbeiten konnten. Vom Produktionsstandpunkt aus klingt das sinnvoll: In Asien kann man dasselbe Produkt zum halben Preis herstellen lassen. Und im Gegensatz zur gängigen Meinung kann man auch in Asien fair produzieren. Die Firma betrieb dort eine eigene Fabrik mit dem Fairwear-Zertifikat. Für mich war allerdings ausschlaggebend, dass ich dort nicht regelmäßig persönlich vorbeischauen konnte, weil es einfach zu weit weg war. Wenn ich unsere Fabrik in Portugal besuchen will, setze ich mich in einen Flieger und bin in ein paar Stunden da. Das ist mir wichtig, denn wenn man größere Mengen zu fertigen beginnt, holen sich die Produzenten Subunternehmer an Bord. Und dann kann es passieren, dass ganz plötzlich jemand anders – der nicht deinen Arbeits- oder Qualitätsstandards folgt – deine Produkte herstellt.«

Letztlich lehnte Anna also das Angebot des interessierten Unternehmens ab. Natürlich zweifelte sie anfangs, ob sie die richtige Entscheidung getroffen hatte. Doch bis heute hat sie den damit eingeschlagenen Weg nie bereut. »Ich bin froh darüber, dass wir das Angebot abgelehnt und alles selbst gemacht haben. Wir haben eine sehr flexible Lieferkette aufgebaut. Wir transportieren nicht riesige Container voller Produkte zu uns, die dann in irgendeinem Lager vermodern. Es gibt keinen Überschuss, den wir verbrennen oder verschenken müssen. Wir haben die Freiheit, unsere Entscheidungen selbst zu treffen. Zum Beispiel ist es ein hoher Kostenfaktor für uns, alle sechs Wochen das gesamte Team zu einem Meeting am selben Ort einzuberufen. Uns ist das egal, weil wir diese Treffen für extrem wichtig für unsere Firmenkultur und unsere Arbeitsatmosphäre halten. Aber eine Investor*in würde das sicher anders sehen.«

Und wie finanzierten Anna und Ran ihr nächstes Wachstumsstadium? Sie fanden eine ziemlich kreative Lösung: Diesmal bewarben sie sich bei einem EU-Fonds für kleine und mittlere Unternehmen um ein weiteres Darlehen – aber diesmal hätten sie für den gesamten Kredit selbst haften müssen. Obwohl die Firma erfolgreich war, wollten sie dieses Risiko nicht eingehen, schließlich hing das ganze Familieneinkommen von Wildling ab. Stattdessen entwickelten die beiden gemeinsam mit einem alten Freund von Anna, der seine eigene Holding AG leitete und ihnen in den Anfangsjahren oft mit Rat und Tat zur Seite gestanden hatte, einen Finanzierungsplan. Er erklärte sich bereit, die Haftung für den Kredit zu übernehmen, wenn er dafür zehn Prozent der Firmenanteile bekam. Anna hat diese Verbindung inzwischen stärker formalisiert, indem ihr Freund mittlerweile geschätztes Mitglied des Vorstands ist. Und weiterhin ein wichtiger Diskussionspartner für Anna.

Auch Stephanie kann darüber berichten, wie wichtig es ist, Investor*innen gegenüber treu zu seinen Werten zu stehen. »Als meine Firma zu wachsen begann, bot uns eine unserer Kund*innen an, uns aufzukaufen. Zu diesem Zeitpunkt war mir dieses Angebot extrem willkommen, weil ich bis zum Hals in Problemen mit der Verwaltung, Personalfragen, Finanzen und so weiter steckte. Es war eine enorm erleichternde Vorstellung, dass jemand anders sich um alles kümmern würde. Also begann ich darauf hinzuarbeiten und dementsprechend Leute einzustellen – bis die potenzielle Käufer*in wollte, dass wir etwas tun, was illegal und moralisch einfach falsch war. Ich brach die Verhandlungen sofort ab und musste mich zusätzlich zu meinen ursprünglichen Problemen nun auch noch um mehr Mitarbeiter*innen als vorher kümmern! Es war alles eine ziemliche Katastrophe. Aber wir haben sie auf die einzig mögliche Art gelöst, nämlich, indem wir unseren Output hochfuhren und verkauften, was das Zeug hielt.

Wenn du deine Werte genau definiert hast und ihnen treu bleibst, dann weißt du beinahe sofort, was für deine Firma gut ist und was nicht. Zu wissen, wofür wir stehen, hat mir dabei geholfen, schnell schwierige Entscheidungen zu treffen, die mir, meiner Firma und meinen Angestellten langfristig genützt haben. Ich strebe nicht nach kurzfristigem Profit und glaube auch nicht an rücksichtslose Geschäftsprak-tiken. Vor vielen Jahren bewarben wir uns zusammen mit IBM für einen staatlichen Auftrag. Wir wollten die Software und IBM die Hardware bereitstellen. Aber die Regierung wollte, dass wir mit einem anderen Hardware-Hersteller zu-sammenarbeiteten. Wir sagten, nein, entweder wir machen es zusammen mit IBM – oder gar nicht. Wir verloren diesen Auftrag, aber IBM war von unserer Solidarität so beein-druckt, dass sie jahrelang bei vielen Projekten mit uns zu-sammenarbeiteten. Indem wir unseren Werten treu blieben, verloren wir zwar kurzfristig einen Auftrag, profitierten aber langfristig.«

Eine weitere Geschichte, die Stephanie uns erzählte, ist ein fantastisches Beispiel dafür, dass sie ihren Werten immer treu geblieben ist. 1987 bereitete ihre Firma sich darauf vor, an die Börse zu gehen, und ihr Team stellte für diesen Zweck einen Prospekt über ihr Unternehmen zusammen: »Ich erinnere mich vor allem daran, dass der externe Redakteur des Prospekts darauf bestand, immer ›er‹ zu sagen, wenn es kontextgemäß eigentlich ›er oder sie‹ hätte heißen müssen. Als ich ihn darauf ansprach, sagte er mir, das entspräche nun mal den Konventionen, und so werde es in einer winzigen Fußnote auf einer der ersten Seiten erläutert. Ich sagte, na gut, dann ändern wir sowohl die Fußnote als auch die Konventionen. Also ging der Prospekt [...] mit dem Wort ›sie‹ für männliche und weibliche Pronomen in den Druck, und irgendwo erklärte eine kleine Fußnote, dass wir uns für diese Konvention entschieden hatten.«

Und das im Jahr 1987. Richtig revolutionär!

Diese Beispiele zeigen, wie wichtig es ist, sich selbst treu zu bleiben, egal, in welchem Stadium der Geschäftsentwicklung man sich befindet – sei es der »Proof of Concept« oder die dritte Finanzierungsrunde. Besonders in stressigen Zeiten, in denen du unter hohem Druck stehst, kann ein verlässlicher und auch expliziter moralischer Kompass Orientierung bieten.

Ich wünschte, wir wären bei der Suche nach Investor*innen unserer Intuition gefolgt. Der gesamte Prozess fühlte sich falsch an – als müssten wir ein Spiel gewinnen, an dessen Regeln wir nicht glaubten. Als das Geld schließlich auf unserem Konto war, fühlte sich das überhaupt nicht wie ein Sieg an, denn der ganze Ablauf – der mehr als neun Monate gedauert hatte – hatte mich total erschöpft und demoralisiert. Am schlimmsten waren die Machtspielchen. Nach Meetings mit potenziellen Investor*innen warteten wir oft eine gefühlte Ewigkeit – manchmal Monate – auf Rückmeldung. Am Ende konnten wir uns nur noch mit Müh und Not ein Gehalt auszahlen. Und wir hatten kaum noch die Energie, um loslegen zu können, als dann endlich das Geld da war.

Wir sind sehr dankbar dafür, dass wir Investor*innen gefunden haben, die uns unterstützen und unsere Werte teilen. Wenn ich daran denke, wie andere Gründer*innen teilweise von ihren Investor*innen behandelt werden, sind wir definitiv die Ausnahme. Doch auch wir stecken nun in einer neuen Machtdynamik, denn fremde Menschen halten jetzt Anteile an unserer eigenen Firma.

Wäre ich doch nur vor Beginn dieses Prozesses einen Schritt zurückgetreten und hätte mit weniger Druck und Eile über die Frage nachgedacht, welche alternativen Finanzierungsmöglichkeiten uns zur Verfügung stehen, anstatt einfach das zu tun, was unserer Meinung nach von uns erwartet wurde.

Ich erzähle diese Geschichte nicht, weil ich Mitleid will, sondern weil ich während des gesamten Prozesses der Investor*innensuche felsenfest davon überzeugt war, dass wir die einzige Firma mit solchen Problemen seien. Alle Start-up-Events, an denen ich teilnahm, alle Artikel, die ich las, alle Gespräche, die ich mit anderen Gründer*innen führte, hatten mir vermittelt, dass eine Investor*in zu finden das ultimative Ziel ist – und obendrein noch ein Kinderspiel. Die Start-up-Szene ist voller Berichte über die neuesten Investitionen – da geht es teilweise um ein paar Hundert Millionen Investments! Ich hatte schlichtweg keine Ahnung, dass es so schwierig werden könnte, eine Investition von 300 000 Euro an Land zu ziehen.

Außerdem hatte ich niemals damit gerechnet, dass sich die Suche nach Investor*innen derart negativ auf unsere psychische Gesundheit auswirken würde. Und ich hatte auch nicht erwogen, dass es für unsere Firma bessere Optionen gegeben hätte – obwohl wir letztendlich erfolgreich waren. Niemand redet über die Schwierigkeiten und den Frust. Im Nachhinein habe ich von vielen gehört, die Ähnliches durchgemacht haben. Fast so, als müsste man den Prozess auf eigene Faust durchstehen, um in den Klub zu kommen. Denn natürlich wollen alle ein Image transportieren, das Sicherheit und Stabilität ausstrahlt. Unter anderem deshalb, weil man mithilfe dieses Images am wahrscheinlichsten Investments an Land zieht. Besonders im Pitch-Prozess gelten Zweifel oder Emotionen als unpassend, als Kontrollverlust. Aber warum? Wir haben eine Investitionskultur geschaffen, die Menschen dazu zwingt, sich hinter einer eiskalten, ehrgeizigen und rein verstandgesteuerten Maske zu verbergen. Und das, obwohl Gründer*innen, die mit ihren Emotionen in Verbindung stehen und authentisch sind, Empathie demonstrieren und ihren Werten treu bleiben, die besseren Führungskräfte sind.

Sei ein Zebra, kein Einhorn

2017 entstand eine Bewegung, die sich schnell online verbreitete. Eine wachsende Community von Firmengründer*innen lehnt das Risikokapital-Investment-Modell ab und will stattdessen alternative Finanzierungsmethoden erkunden und etablieren. Diese sogenannte Zebra-Bewegung wurde von vier amerikanischen Frauen ins Leben gerufen: Astrid Scholz, Mara Zepeda, Jennifer Brandel und Aniyia Williams.

Sie wollen ihre Gründerkolleg*innen ermutigen, nicht dem nächsten Einhorn nachzujagen, sondern Zebras zu erschaffen.

In der Start-up-Welt ist ein Einhorn ein Unternehmen mit einer Bewertung von mindestens einer Milliarde US-Dollar. Ein Einhorn weist nicht nur exponentielles Wachstum vor, sondern verfügt auch über die Marktherrschaft – genau die Art Unternehmen, bei der sich Risikokapitalgeber gern engagieren.

Da Risikokapitalgeber hoch riskante Ausgaben tätigen, sind die meisten ihrer Investitionen (oft bis zu 90 Prozent) nicht erfolgreich. Ihr Geschäftsmodell und ihr Erfolg basieren darauf, nur in Unternehmen zu investieren, die potenziell außerordentlich große Renditen abwerfen. Deshalb drängen sie ihre Start-ups häufig dazu, Wachstum über alles andere zu stellen. Zentral ist dabei das Konzept der »Hockeystick«-Umsatzwachstumskurve: Wenn in der Investor*innen-Präsentation die Wachstumskurve nicht exponentiell ansteigt, also die Form eines Hockeyschlägers hat, schauen sich die meisten Risikokapitalanleger das Unternehmen gar nicht erst genauer an.

Astrid, Mara, Jennifer und Aniyia beschlossen, dass ihre Firmen nicht länger mit Einhörnern konkurrieren und somit Risikokapitalgebern nachjagen wollten. In ihrem gemeinsam veröffentlichten Essay heißt es: »Die derzeitige Technologie- und Risikokapital-Struktur ist kaputt. Sie stellt Quantität über Qualität, Konsum über Kreativität, exponentielles über nachhaltiges Wachstum und Aktionärsgewinne über geteilten Wohlstand. Ihre Vertreter*innen wollen Einhörner, die auf Disruption setzen, statt Unternehmen zu unterstützen, die reparieren, kultivieren und vermitteln.«

Nach der Veröffentlichung bekamen die Autorinnen

zahllose Rückmeldungen von anderen Gründer*innen, In-
vestor*innen und Befürworter*innen, die alle zustimmten:
»Wir können dieses Spiel nicht gewinnen.« Ermutigt vom
Zuspruch, verfassten Astrid, Mara, Jennifer und Aniyia das
Zebra-Manifest. Es sollte für alle, die ihre Firmen nachhaltig
und durchdacht vergrößern wollen, Pflichtlektüre sein.

KURZ UND GUT: WARUM ZEBRAS?

Das Zebra-Manifest fängt mit dem offensichtliches Merkmal an:
Im Gegensatz zu Einhörnern sind Zebras reale Lebewesen.

Zebra-Unternehmen sind schwarz *und* weiß: Sie sind
profitabel *und* verbessern gleichzeitig die Gesellschaft. Sie opfern
das eine nicht für das andere.

Zebras sind außerdem gemeinschaftlich organisiert: Sie
schließen sich zu Herden zusammen, um sich gegenseitig zu
schützen und ihre Art zu bewahren. Ihr individueller Beitrag stärkt
das Ergebnis des Kollektivs.

Zebra-Unternehmen sind auf Langfristigkeit ausgelegt, und
dadurch setzen ihr verfügbares Kapital effizienter ein.[68]

Das Zebra-Manifest

	EINHORN	ZEBRA
DAS WARUM		
Purpose	exponentielles Wachstum	nachhaltiger Wohlstand
Zielsetzung	Verkauf, 10-fache Return of Investment-Erwartung	profitabel, nachhaltig, 2-fache Return of Investment-Erwartung
Ergebnis	Monopol	Pluralität

DAS WIE		
Weltanschauung	Nullsummenspiel, Gewinner und Verlierer	Win-win
Methode	Wettbewerb	Kooperation
Vorbild in der Natur	Parasitismus	Gemeinschaft
Ressourcen	gehortet	geteilt
Stil	durchsetzungsfähig	partizipatorisch
Zweck	Mehr	genug, besser

DAS WER		
Begünstigte	privat, Einzelpersonen, Aktionäre	öffentlich, Gemeinschaften
Teamzusammensetzung	viele Ingenieure	ausgeglichen: Community-Manager, Kundenbetreuung, Ingenieure
Wie Nutzer*innen zahlen	mit ihrer Aufmerksamkeit (intransparent)	für ein Produkt oder Dienstleistung (transparent)

DAS WAS		
Wachstumsrichtung	Hockeyschläger	erneuerbares Wachstum
Relevante Maßeinheit	Quantität	Qualität
Priorität	Nutzerzuwachs	Nutzerzufriedenheit
Hindernis	Produktadaptionen	Prozessoptimierung

Als ich ungefähr ein Jahr nach Abschluss unserer eigenen Finanzierung das Zebra-Manifest las, fiel mir ein zentnerschwerer Stein vom Herzen. Ich fühlte mich bestätigt und war überzeugter denn je, dass das aktuelle Start-up-Finanzierungsmodell keinen Sinn ergibt. Zwischen diesem Modell und den Rissen, die sich durch unsere Wirtschaft und letztlich auch durch unsere Gesellschaft ziehen, gibt es einen Zusammenhang. Denn in einer Welt, in der viele verlieren und wenige gewinnen, steigt mit der weltweiten Ungleichheit auch die gesellschaftliche und politische Instabilität.

Es war ebenso tröstlich wie befreiend, dass es da draußen auch andere gab, die ähnlich dachten wie wir. Keine Risikokapitalgeber*in zu haben, war auf einmal nicht mehr beschämend, sondern ermächtigend und revolutionär!

Ich glaube auch, dass die aufkeimende Branche der Impact-Investor*innen aus dieser Debatte einiges lernen kann. Können wir nicht noch radikaler werden und die für konventionelle Investments üblichen Pitching-Prozesse, Besitzstrukturen und Machtverhältnisse neu erfinden, anstatt sie zu replizieren? Die Zebra-Bewegung öffnete mir die Augen für andere Möglichkeiten und zeigte einmal mehr, wie wichtig es ist, seine Optionen zu kennen.

Als wir mit Jennifer über die Finanzierung ihrer Firma sprachen, erzählte sie uns Folgendes: »Ich hatte weder Zugriff auf ein Familienvermögen noch auf ein Netzwerk reicher Freund*innen und Verwandter. Das ist normalerweise der Goldstandard, um ein Silicon-Valley-Unternehmen vor der Umsatzphase zu finanzieren. Viele Gründer*innen kommen aus Familien, die ein paar Tausend oder sogar ein paar Millionen Dollar in ihre Unternehmen investieren können. Ich bekam auch keinen Bankkredit, weil ich keine Sicherheiten bieten konnte. Unser Geschäftsmodell war zwar sehr attraktiv für Stiftungen, aber weil wir nicht gemeinnützig waren, war diese Finanzierungsmöglichkeit leider keine Option. Zum Glück fanden wir ein paar Business Angels, die unsere Mission unterstützen wollten, und die investierten zwischen 5000 und 100 000 Dollar ihres Privatvermögens in uns, was insgesamt 1,1 Millionen US-Dollar ergab. Ich habe gerade weitere 1,5 Millionen Dollar von einem strategischen Investor[69] aus Dänemark erhalten, der durch innovative Ideen die Medienlandschaft retten will. Er investiert hauptsächlich in unsere Firma aus dem Glauben, dass wir einige Negativtrends, die ihm Sorge bereiten, umkehren können. Sein Engagement ist als umsatzbasierte Finanzierungsrunde angelegt. Er bekommt keine Aktien, sondern lässt sich den Kredit über lange Zeit mit niedrigen Zinsen aus dem von uns erwirtschafteten Umsatz zurückzahlen. Das ist großartig, weil ich dadurch mehr Kontrolle habe und das Geld uns beim Wachsen hilft. Es ist wirklich kluges Wachstumskapital.«

Es ist schwierig, wenn die Finanzierung durch Investoren nur als Mittel zum Zweck empfunden wird. Ein großer Teil der Start-up-Welt wird von der Idee angetrieben, dass Investments Wachstum erzeugen und wer über das meiste Geld verfügt, am Ende Erfolg hat. Es gab in der Entstehungszeit dieses Buchtexts beispielsweise gerade einige Firmen, die den europäischen Elektrorollermarkt erobern wollten. Zwei dieser Firmen, die nur wenige Monate nacheinander gegründet wurden, haben ihren Sitz in Berlin. Kurz nach der Gründung verkündete erst das eine der beiden Unternehmen ein Startinvestment von 20 Millionen Euro, und einige Monate später zog das zweite Unternehmen mit einem Investment von 50 Millionen Euro nach. Wenn mehrere Firmen auf die gleiche Idee setzen (das geschieht ständig, siehe zum Beispiel die Konkurrenz zwischen Lieferdiensten oder Bike-Sharing-Firmen), ist die Frage erfolgsentscheidend, wie viel Geld sie auftreiben können. Es ist eine Art »The winner takes all«–Geschäftsmodell. Je mehr Geld eine Firma hat, desto mehr kann sie in Technologie und Marketing investieren, und desto schneller kann sie den Markt dominieren. Kurzfristig mag das sinnvoll sein.

Da diese Firmen allerdings von schnellem Wachstum abhängig sind, wird dort weder Zeit noch Kapazität in die Entwicklung der Arbeitskultur gesteckt. Deshalb passiert es häufig, dass diese Firmen große Probleme mit Personalfluktuation bekommen, weil sich Mitarbeiter*innen entnervt eine andere Stelle suchen. Außerdem gibt es mehr und mehr (vor allem junge) Menschen, für die eine extrem stressige (und oft auch sehr männlich dominierte) Hochleistungskultur nicht attraktiv ist, weshalb die Rekrutierung von richtig guten Leuten schwierig und teuer ist. Langfristig betrachtet stagnieren oder scheitern solche Firmen häufig an diesen und ähnlichen Themen. WeWork ist ein sehr gutes und aktuelles Fallbeispiel.

Das soll nicht bedeuten, dass es nicht sinnvoll sein kann, Risikokapitalgeber als Investor*innen in Betracht zu ziehen. Unter manchen Umständen ist es die richtige Option – vor allem für Unternehmen mit hohen technischen Anforderungen und / oder wenn recht früh eine beträchtliche Kapitalmenge benötigt wird.

Ida etwa hat eine 20-Millionen-Dollar-Runde für ihre Firma abgeschlossen und hätte gerne noch mehr Kapital. Denn je mehr Geld ihr zur Verfügung steht, desto mehr Programmierer*innen kann sie einstellen, und desto schneller kann sie ihre Firma weiterentwickeln. Obwohl Ida der konventionellen Risikokapital-Finanzierungsroute gefolgt ist, achtet sie trotzdem sehr genau darauf, wie sie ihre Firma vergrößert und mit welchen Investor*innen sie zusammenarbeitet. Sie weigert sich, ein auf dem Verkauf von Nutzerinnendaten basierendes Geschäftsmodell zu entwickeln, denn das passt weder zu ihrem Markt noch zu ihrer persönlichen Einstellung. In dieser Hinsicht folgt Ida mit Clue dem Zebra-Manifest, indem die Nutzer*innen für die App zahlen, anstatt dass ihre Daten an Dritte weiterverkauft werden, und somit indirekt das eigene Business-Modell finanzieren. Denn solche Modelle sind für die Nutzer*innen oft extrem undurchsichtig, meist erfährt man nichts darüber, an wen und für welche Zwecke die persönlichen Daten weiterverkauft werden.

Diesem für Apps typischen Geschäftsmodell hat Ida sich verweigert (Daten werden nur zu medizinischen Forschungszwecken übermittelt) und sich stattdessen für ein »Freemium-Modell« entschieden. Wenn Kundinnen Dienste über die frei nutzbare Version von Clue hinaus nutzen wollen, müssen sie bezahlen.

Unsere Gespräche mit den Revolutionärinnen zeigten, dass sie alle unverrückbar an ihre eigenen Fähigkeiten glauben. Und zwar nicht aus einem überdimensionierten Ego heraus, sondern weil sie an den Sinn und Zweck ihrer Mission glaubten und ihren eigenen Werten tief verbunden waren.

Deshalb haben sie alle ein gutes Gespür dafür, was für ihre Firma richtig ist.

Meist ist ja das, was sich intuitiv falsch anfühlt, auch tatsächlich falsch – das gilt im Leben genauso wie für die Finanzierung einer Firma. Wer seinen Verstand mit seinem Bauchgefühl abgleicht, trifft Entscheidungen, die nicht nur richtig »gedacht« sind, sondern sich auch richtig »anfühlen«. Diese Art von Entscheidungen ist es, die dich, dein Team und deine Firma voranbringen und erfolgreich machen.

Wachstum durch Marketing

Durch die Globalisierung und die digitale Transformation in den letzten Jahrzehnten haben Unternehmen per Mausklick Zugang zu weltweiten Märkten. Jungen Unternehmen mit begrenzten Ressourcen ermöglicht das, alternative und preisgünstige Wege zu finden, um ihre Produkte zu vermarkten. Sie müssen sich nicht mehr allein auf traditionelle Werbemethoden verlassen, bei denen Unternehmen mit großen Marketingbudgets dominieren.

Als wir vor sechs Jahren unsere Firmen gründeten, bot uns Facebook die einmalige Gelegenheit, unsere Produkte und Dienstleistungen ohne riesiges Budget einer engagierten Nutzer*innengemeinschaft und potenziellen Kund*innen nahezubringen. So konnten wir sehr schnell und ohne große Kosten für Werbung wachsen. Facebook (und auch andere digitale Plattformen) demokratisierte den Zugang zu Content und Kunden auf der ganzen Welt, was die Marketinglandschaft radikal veränderte. Auch kleine Firmen konnten nun ihre Produkte bewerben – ohne sich für Fernseh- oder Printwerbung dumm und dämlich zahlen zu müssen. Aber je beliebter Facebook wurde, desto mehr Marken sprangen auf den Zug auf, durch den Anstieg an Nutzer*innen entstand immer mehr Content. Facebook musste deshalb Wege finden, Inhalte für die Nutzer*in so zu filtern, dass er relevant blieb. Marken konnten sich nun nicht mehr auf Sichtbarkeit verlassen und mussten anfangen, in Facebook-Werbung zu investieren. Das machte es vor allem für kleine Firmen mit begrenztem Kapital schwierig, sichtbar zu bleiben. Und nahezu über Nacht funktionierte dieser moderne Marketingkanal, der es jungen Marken erlaubt hatte, neue Kunden zu erreichen, fast genau wie jene, die er ersetzt hatte: Große Marken mit viel Geld dominierten den Markt.

Obwohl aktuell Instagram noch einer der wichtigsten Kanäle für kleine Marken ist, um Neukunden zu akquirieren, beginnen Werbeanzeigen bereits die persönlichen Feeds zu dominieren. Und da Facebook 2012 Instagram kaufte, würde es uns nicht überraschen, wenn auch bei Insta bald die Reichweite von kleinen Labels beschränkt würde und sich in einen Kanal für bezahlte Werbung verwandelt.

Für junge Marken ist es deshalb sinnvoll, ihre Werbestrategien auszuweiten und sich nicht ausschließlich auf einen Kanal festzulegen. Kollaboratives Marketing ist ein solches Konzept – das wir selbst von Anfang an betreiben, ohne dem Ganzen damals einen Namen zu verpassen. Wir definieren kollaboratives Marketing als Zusammenarbeit von Marken mit ähnlichen Zielgruppen, um gemeinsam Produkte und Dienstleistungen auf eine Art und Weise zu promoten, die allen nützt. Diese Werbestrategie harmoniert mit unseren Wertvorstellungen, und sie ist ziemlich effektiv.

Zusätzlich zu unserem Online-Shop hat Folkdays einen Laden in Berlin. Zweimal im Jahr, einmal im Sommer und einmal im Winter, laden wir andere nachhaltig und ethisch arbeitende Bekleidungs- und Lifestyle-Marken dazu ein, ihre Produkte dort auszustellen. Wir nennen diesen Pop-up-Store »Folkdays and Friends«. Die anderen Labels bewerben ihn bei ihren Kunden, die so ebenfalls zu Folkdays Kontakt bekommen. Jedes Jahr vor Weihnachten bringen wir außerdem ein »Folkdays and Friends«-Heftchen heraus, in dem wir eine Auswahl von nachhaltigen Unternehmen und Produkten vorstellen – um den Menschen in dieser Zeit des Konsumwahnsinns faire und umweltfreundliche Geschenkoptionen zu bieten. Die Druckkosten tragen wir gemeinsam und verteilen den Prospekt an all unsere Kunden. Die Idee ist einfach: Wenn Menschen bereits Gefallen an nachhaltigen Produkten gefunden haben, sind sie vermutlich auch daran interessiert, weitere nachhaltige Marken kennenzulernen. Und dies bedroht unser Geschäft keineswegs. Im Gegenteil. Unsere Kunden kaufen unsere Produkte eher selten, weil sie sie unbedingt brauchen, wie zum Beispiel ein Paar neue Jogging-Schuhe, sondern weil sie ihnen gefallen. Also gibt es hier kein Entweder-oder. Außerdem passt diese Aktion perfekt zu Folkdays' Mission. Denn wir wollen nicht nur als Modelabel wachsen, sondern auch nachhaltigem und ethisch verantwortlichem Konsum zum Durchbruch verhelfen.

Die Modeindustrie wird (wie die meisten Konsumgüterbranchen) momentan von ein paar Riesenkonzernen wie H&M und Inditex beherrscht. Da wir unmöglich mit ihnen konkurrieren können, verschwenden wir lieber erst gar nicht unsere Zeit und unser Geld darauf, es zu versuchen. Wir tun uns lieber mit Unternehmen zusammen, die ähnlich ticken wie wir, und krempeln das System von unten um.

Wachstum durch Innovation

Du förderst sinnvolles und nachhaltiges Wachstum, indem du eine Umgebung schaffst, in der du und dein Team flexibel auf Veränderungen im Markt reagieren und eure Produkte und Dienstleistungen weiterentwickeln, diversifizieren und / oder anpassen könnt. Innovationen verschaffen dir einen großen Vorteil gegenüber deiner Konkurrenz sowie einen gewissen Grad an Unabhängigkeit. Die gute Nachricht ist: Vieles von dem, was wir über Arbeitskultur gesagt haben, ist auch für die Schaffung einer Innovationskultur wichtig.

Catherine, Vivienne und Ida betonten, wie wichtig es ist, eine sichere Umgebung zu schaffen, damit Mitarbeiter*innen vielfältige Perspektiven und Meinungen aussprechen können. Wenn sich die Angestellten nicht sicher genug fühlen, um offen zu sprechen, um sie selbst zu sein und sogar ihre wildesten Ideen zu äußern, dann bremsen sie sich selbst aus und akzeptieren auch schlechte Ideen, nur weil diese von einer »ranghöheren« Person präsentiert werden. Oder sie lehnen die Ideen von Kolleg*innen vorschnell ab, um sich besser zu fühlen und den eigenen Status zu steigern. Wenn aber ein vertrauensvolles Klima herrscht und es auch Raum

für Auseinandersetzungen gibt, baust du eine innovations-
freundliche Arbeitsumgebung auf. Außerdem fördert ein auf
emotionaler Ebene tief gehendes Verhältnis zu deinen Mitarbeiter*innen Empathie, die laut David Kelley – Begründer
von Design Thinking sowie die wahrscheinlich wichtigste
Stimme in Sachen Innovation – fundamental wichtig ist, um
bahnbrechende neue Produkte zu entwickeln. Bemerkenswert ist auch, dass sich Umgebungen, in denen Menschen
gerne arbeiten, durch ein hohes Maß an Innovation aus-
zeichnen.

Das Design-Thinking-Konzept begegnet einem in der
Berliner Start-up-Welt recht häufig. Wann immer wir dieses
Tool einsetzten, waren wir begeistert – und das aus gutem
Grund. Die Methode macht Spaß und ist sehr Output-ori-
entiert: Bei uns sind dadurch viele großartige Ideen und
kreative Herangehensweisen entstanden. Die »School of
Design Thinking« im Hasso-Plattner-Institut in Potsdam beschreibt ihren Ansatz als »systematische Herangehensweise
an komplexe Problemstellungen aus allen Lebensbereichen.
Im Gegensatz zu vielen Herangehensweisen in Wissenschaft
und Praxis, die Aufgaben von der technischen Lösbarkeit her
angehen, steht hier der Mensch im Fokus.

Design Thinking ermöglicht es, traditionelle und ver-
altete Denk-, Lern- und Arbeitsmodelle zu überwinden und
komplexe Probleme kreativ zu lösen. Es schafft in Organisationen die Kultur, die benötigt wird, um die digitale Transformation zu meistern.«[70]

Eine weniger bekannte Methode ist das Konzept der
Appreciative Inquiry (wertschätzende Erkundung). Auch
dieses Konzept bietet ein großartiges Innovationswerk-
zeug, denn es fördert Empathie und Sicherheit. Appreciative
Inquiry ist ein Gruppenprozess, der dabei helfen kann, das

Potenzial einer Organisation zu identifizieren, zu verstehen und weiterzuentwickeln. Appreciative Inquiry wird oft im Bereich der Organisationsentwicklung eingesetzt, etwa wenn umfangreiche Veränderungen anstehen.[71] Mit dieser Methode kann man Herausforderungen in einem motivierten und positiven Gruppenprozess bearbeiten und überwinden. Appreciative Inquiry gründet auf der Überzeugung, dass die Fragen, die wir stellen, für die Welt, die wir erschaffen, entscheidend sind. Wenn man versucht, durch Fragen herauszufinden, welche Stärken eine Organisation oder ein Unternehmen hat, kommt man auf ganz andere Lösungen, als wenn man sich vor allem damit beschäftigt, was schlecht läuft, also den Schwächen.[72]

KURZ UND GUT: APPRECIATIVE INQUIRY

Appreciative Inquiry geht von folgenden Grundannahmen aus:

- Menschen und soziale Systeme entwickeln sich in die Richtung, in die wir unsere Aufmerksamkeit lenken
- Jede Organisation hat ungenutztes, positives Potenzial
- Wir gehen mit mehr Vertrauen und Wohlbefinden in die Zukunft, wenn wir Vergangenes fortsetzen
- Wenn wir Vergangenes fortsetzen, sollten wir uns auf das fokussieren, was in der Organisation gut funktioniert
- Vergangenheit und Gegenwart sind reich an positiven Erfahrungen und Erkenntnissen und können unerschöpfliche Quellen für Entwicklung, Leistung und Erfolg sein.

Wenn du eine Fragestellung bzw. einen Fokus für diese Übung definiert hast, kannst du loslegen. Das sind die vier Phasen der Appreciative-Inquiry-Methode:

1. DISCOVER:
Erforsche, was gut in deinem Unternehmen funktioniert und wo die Potenziale liegen.

2. DREAM:
Denk darüber nach, wie es sein könnte, wenn diese Potenziale ausgeschöpft werden.

3. DESIGN:
Plane, wie du vom Status quo zu der Vision, wie es sein könnte, kommst.

4. DESTINY (oder DEPLOY):
Setze deine Planung um.

Wachstum macht Freude

Wenn deine Firma ohnehin schon innovativ arbeitet und gut darin ist, den eigenen Markt zu bedienen, und darüber hinaus auch beim Marketing kreative Wege geht, dann hast du eventuell eine Möglichkeit gefunden, einen Pull-Effekt für deine Kunden zu erzeugen: Das heißt, die Kunden kommen zu dir. Anna hat mit Wildling ein solches Unternehmen geschaffen: Sie haben fast keine Marketingausgaben; die Schuhe verkaufen sich hauptsächlich über Empfehlungen, weil die Kunden vom Produkt und Unternehmen überzeugt sind. Unternehmen wie Wildling reduzieren die Notwendigkeit, ihr Produkt oder ihren Service in den Markt zu »pushen«. Das kann den Wachstumsdruck auf deine Betriebsstrukturen verringern. Ein paar Firmen, die New-Work-Prinzipien folgen, haben beispielsweise ihre Sales-Abteilungen aufgelöst (oft ein Unternehmensbereich, in dem ein hoher Druck herrscht). In der Start-up-Mentalität ist die Vorstellung, auf den Vertrieb zu verzichten, sehr revolutionär.

Der Glaube, dass Menschen externen Druck brauchen, um Höchstleistungen zu erbringen, ist zwar weitverbreitet, aber größtenteils wissenschaftlich widerlegt. Im Zuge unserer Recherchen wurden wir auf die Spieleforscherin Dr. Jane McGonigal aufmerksam und waren inspiriert von ihrer Herangehensweise. Die Gaming-Industrie wird, ähnlich wie die Start-up-Szene –, weitgehend von Männern dominiert. Jane ist der Meinung, dass Gaming das Potenzial hat, soziale Veränderungen zu bewirken, nämlich indem man Gamer dazu ermutigt, echte Probleme zu lösen. So kreierte sie mit ihren Kolleg*innen im Institut for the Future ein Videospiel, in dem die Welt und somit die Spieler keinen Zugang zu Erdöl mehr hatten und es Ziel des Spiels war, kreative Lösungen zum Energie-Sparen zu finden. 2007 machten sie ein Pilotprojekt mit knapp 2000 Gamern und fanden heraus, dass in den drei darauffolgenden Jahren viele der Spieler ihr ressourcenschonendes Verhalten beibehielten. Der Einblick in eine Branche, die auch von Frauen transformiert wird, war für uns äußerst befruchtend. Und einige der Dinge, über die Jane in einem TED Talk sprach, ließen sich hervorragend auf die Business-Welt übertragen.[73]

Diejenigen unter euch, die sich nicht für Computerspiele interessieren, wird es vielleicht überraschen, dass die Weltbevölkerung wöchentlich mehr als drei Milliarden Stunden darauf verwendet, Computergames zu spielen. Viele dieser Spiele sind kooperativ, im Fokus stehen wie bei *World of Warcraft* Problemlösung und das Errichten eigener Welten. Jane meint:

»Beim Gamen kommt es uns oft so vor, als seien wir in

der Realität nicht so gut wie im Spiel. [...] Denn im Spiel werden wir die bestmögliche Version unserer selbst: Wir sind hilfsbereit und kollaborativ, wir haben ein starkes Durchhaltevermögen und arbeiten so lange an einem Problem, bis wir es gelöst haben, und wir lassen uns von Niederlagen nicht unterkriegen, wir stehen immer wieder auf und versuchen es auf ein Neues. Im realen Leben fühlen wir uns oft nicht in der Lage, auf gleiche Weise mit Herausforderungen und Fehlschlägen umzugehen und Hindernisse zu überwinden. Wenn du beispielsweise in das Online-Game *World of Warcraft* einsteigst, sind sofort zahllose Mitspieler*innen dazu bereit, dir den Auftrag, die Welt zu retten, anzuvertrauen. Von Anfang an. Und nicht irgendeine Mission, sondern eine Herausforderung, die deinem aktuellen Level im Spiel angepasst ist – was bedeutet, dass du sie schaffen kannst. Du bekommst niemals eine Herausforderung, die zu schwierig für dich ist. Aber sie liegt am Rande deiner Fähigkeiten, also musst du dich ziemlich anstrengen. [...] Egal, wo du hingehst, du findest Hunderttausende Spieler, die bereit sind, mit dir zusammenzuarbeiten, um deine Mission zu erfüllen. [...] Und es gibt diese epische Story, diese inspirierende Geschichte, weshalb du hier bist und warum du tust, was du tust.«[74]

Wir finden diesen Gedanken sehr interessant und relevant. Vielleicht können wir ihn nutzen, um unsere Arbeitsumgebung erfüllender zu gestalten: Wenn wir daran glauben, dass sich jeder Mensch weiterentwickeln möchte, dann ist es unsere Aufgabe als Chef*in, ihm dabei zu helfen, jene Mission zu finden, die seinem Level im Spiel entspricht, also herausfordert, ohne zu überfordern. Und dann müssen wir ihm vertrauen: ihm die Zeit und den Raum geben, den er braucht, die Kolleg*innen, die er braucht, und das Feedback, das er braucht. Kurz gesagt: Wir müssen unser Bestes tun, um ihm dabei zu helfen, erfolgreich zu sein. Vielleicht brauchen Menschen ja doch keinen Druck von außen, um zu wachsen. Das wäre natürlich ein ziemlicher Game Changer.

Wachstum durch Systemveränderung

Eine der Frauen, mit denen wir während unserer Recherchen sprachen, zog es vor, anonym zu bleiben, weil sie sich nicht in den Vordergrund stellen und so als »Heropreneur« verstanden wissen wollte. Nennen wir sie Julie. Julie findet, dass Unternehmer*innen oft glorifiziert und ihre Erfolge zu wenig hinterfragt würden. Als ob es manche Menschen gäbe, die einfach das Zeug zur Unternehmer*in haben (fast schon durch eine göttliche Fügung), und eben Normalsterbliche, die es eben nicht haben. Dieser Blickwinkel aber lässt die Schwierigkeiten und die Mühen, die Unternehmertum mit sich bringt, völlig außer Acht – und vor allem auch die glücklichen (oder auch privilegierten) Umstände, die auch dazugehören und oft nicht unbedingt in den eigenen Händen liegen. Auch das Team, das für den unternehmerischen Erfolg so zentral ist, tritt dadurch in den Hintergrund.

Julie findet, dass sich vor allem Männer in der Rolle des »Heropreneurs« wohlfühlen, weshalb es vielleicht wesentlich mehr prominente Unternehmer als Unternehmerinnen gibt. Die Lösung ist es Julie zufolge aber nicht, Frauen von dieser Art der Selbstinszenierung zu überzeugen, sondern ein Leitbild zu fördern, das Frauen anspricht: das System-Unternehmertum oder »Systempreneurship«.

Die beiden Unternehmerinnen Charmian Love und Rachel Sinha haben das Konzept des Systempreneurship erklärt. Sie schreiben, dass »Systempreneure eine rasch wachsende Zunft von Experten sind, die nach den Ursachen von Problemen suchen, sie identifizieren und dann langfristige, dauerhafte Lösungen dafür finden«. Systempreneure widmen sich nicht nur dem unmittelbaren Erfolg des eigenen Unternehmens, sondern den größten, komplexesten Herausforderungen unserer Zeit. Das geht von der Reform des Gesundheitswesens über die Nahrungsmittelversorgung bis hin zur Politik, und zwar indem sie die tief in Wirtschaft und Gesellschaft verankerten, aber kaputten Systeme infrage stellen, die die Probleme hervorbringen. Systempreneure bringen Dinge in Bewegung. Viele unserer heutigen Strukturen, zum Beispiel in den Bereichen Energiegewinnung, Finanzwesen und Nahrungsmittelwirtschaft, wurden zu einer Zeit entwickelt, als uns noch nicht bewusst war, wie begrenzt unsere Ressourcen sind. Viele dieser Systeme müssen aus Sicht der Systempreneure überdacht und nachhaltig gestaltet werden. In diesem Prozess spielen Systempreneure eine wichtige Rolle. Sie haben das Ziel, überholte Strukturen zu verändern und bestehende Systeme aufzubrechen. Wenn wir als Menschheit also überleben wollen, brauchen wir Systempreneure. Und diese kleine (aber rasch wachsende) Gruppe von Menschen braucht wiederum jede Unterstützung, die sie bekommen kann.

»Mit einer ›Alles ist möglich‹-Einstellung erschaffen sie Räume außerhalb des derzeitigen Systems. Sie vermeiden die immergleiche Machtdynamik und konzentrieren sich darauf, Lösungen zu entwickeln, die wirklich funktionieren«,[75] bringen es Love und Sinha auf den Punkt.

Das Systempreneurship-Konzept erinnert an Viviennes Perspektive, die uneitles, nicht Ego-gesteuertes Teamwork als wichtigsten Faktor für Produktivität erkannt hat. Die meisten Revolutionärinnen in diesem Buch könnten getrost als Systempreneure klassifiziert werden. Ihre Firmen sind Motor des gesellschaftlichen Wandels statt reine Mittel zum Zweck (des Geldverdienens). Dies kann (muss aber nicht) bedeuten, dass die Firmen der Systempreneure klein und weitgehend unbekannt bleiben. So oder so ist es ihre Wirkung, die zählt. Die Frage ist ohnehin, wie wir den Erfolg einer Firma messen wollen. Anhand der Zahl ihrer Mitarbeiter*innen, ihres Umsatzes oder ihrer Bedeutung für die Welt? Wenn wir uns für Letzteres entscheiden, dann ist das Systempreneurship das Unternehmertum der Zukunft, und womöglich werden viele Frauen den Weg dorthin ebnen.

Als wir den Begriff des Systempreneurship kennenlernten, traf das Konzept sofort einen Nerv bei uns. Wir begriffen, dass auch wir in gewisser Hinsicht Systempreneure sind. Die Arbeit von tbd* dreht sich hauptsächlich darum, anderen Impact-Organisationen eine Plattform zu geben und ihre Sichtbarkeit zu erhöhen, und will damit ein neues Wirtschaften und Arbeiten ermöglichen. Das Team von Folkdays hat es sich zum Ziel gemacht, nachhaltigen Konsum aus der Nische zu führen und Alternativen aufzuzeigen. Um die Art, wie wir konsumieren und arbeiten, grundlegend zu verändern, bringen wir beide seit vielen Jahren verschiedene Akteur*innen aus Business und Politik zusammen. Wohl wissend, dass wir alleine mit unseren Unternehmen dieses komplexe Systeme nicht grundlegend verändern werden, schielen wir nicht auf großes Wachstum unserer Firmen, sondern schauen links und rechts, wie wir gemeinsam mit anderen den systemischen Wandel herbeiführen können.

Persönliches Wachstum

»Wenn deine Firma vom Anfangsstadium ins Wachstumsstadium übergeht«, so Catherine, »solltest du darüber nachdenken, was dein persönlicher Beitrag sein kann. Wenn du
den nächsten Schritt gehen willst, ist es wichtig, dich selbst-
kritisch und ergebnisoffen zu fragen, ob du die Fähigkeiten
hast, die Firma aufs nächste Level zu heben. Und falls nicht,
wen du dafür ins Unternehmen holen solltest. Ich stelle gerne Leute ein, die schlauer oder erfahrener sind als ich, denn
solche Mitarbeiter*innen können das langfristige Wachstum
einer Firma in ungeahnte Höhen katapultieren.«

Das mag einfacher klingen, als es ist. Um dein Unternehmen über die Start-up-Phase hinauszubringen, brauchst du
ein fundiertes Verständnis deiner Stärken und Schwächen
sowie Selbstvertrauen und eine klare Vorstellung von deiner
Bestimmung. Dein Ego kann in diesem Prozess ebenso
hinderlich sein wie fehlende Geldmittel!

Alle Revolutionärinnen bringen das Wachstum ihrer
Firmen mit ihrem eigenen persönlichen Wachstum in Verbindung – beides bedingt sich gegenseitig. Du merkst, dass
du dich in die richtige Richtung entwickelst, wenn dir bislang selbstverständlich erscheinende Dinge auf einmal ins
Wanken geraten, wenn plötzlich infrage steht, was du über
dich und die Welt zu wissen glaubst. Das mag ein anstren-
gender und schmerzhafter Prozess sein, doch wenn es um
persönliches Wachstum geht, gilt die Regel: je schwieriger,
desto wirksamer.

Es ist nicht leicht, eine Firma aufzubauen, ohne sich
selbst und andere unter enormen Druck zu setzen. Um gar
nicht erst in dieses Fahrwasser zu geraten, musst du viel
innere Arbeit leisten und dir deiner Ziele und deiner Fähig-

keiten bewusst sein. Wenn du genügend Energie und Arbeit darauf verwendet hast, die für dich passende Unternehmens-struktur und vor allem -kultur aufzubauen, wenn du die passenden Mitarbeiter*innen eingestellt und die richtigen Finanzierungsquellen gefunden hast, hast du eine gute Umgebung für Erfolg geschaffen. Jetzt kannst du Wachstum und Veränderungen mit Gelassenheit und Selbstvertrauen begegnen, anstatt in blinde Panik zu verfallen.

Diese Selbsterkenntnis hilft uns als Gründerinnen, den richtigen Wachstumspfad zu wählen. Sie ermutigt uns, an-dere Wachstumsparameter – wie persönliche Entwicklung, Diversity, das Wohlbefinden unserer Mitarbeiter*innen, unseren Beitrag zum Schutz des Planeten und der lokalen Wirtschaft – in unsere Firmen einzubringen. Ein guter Mix dieser Erfolgsindikatoren wird uns mit größerer Zufrieden-heit erfüllen als das kurze Hochgefühl bei schnellen Umsatz-steigerungen. Natürlich nicht ausgeschlossen, dass zugleich auch dein Umsatz steigt. Die Selbsterkenntnis hilft uns aber dabei, eine viel breitere und nachhaltigere Definition von wirtschaftlichem Erfolg zu feiern und in die Welt zu tragen.

Kapitel 8

Gründer*innen der Welt, vereinigt euch!

»Irgendwann habe ich begriffen, dass meine Firma eine Erweiterung meiner selbst ist, meiner Persönlichkeit, meiner Ziele und Wünsche. In gewisser Hinsicht ist sie wie ein Kind, weil so viel von einem selbst in ihr steckt: meine Persönlichkeit, meine Zeit, meine Energie, meine Fähigkeiten. Wenn einem an der eigenen Firma etwas nicht gefällt, muss man sich als Gründerin eingestehen, dass man auch dafür selbst verantwortlich ist.«

STEPHANIE

- Trau dich, du selbst zu sein.
- Hinterfrage alle Business-Tipps, die du bisher bekommen hast. Befolge nur die Ratschläge, die sich für dich richtig anfühlen.
- Lebe deine Werte.
- Sei menschlich bei allem, was du tust.
- Nimm deine »Chef*innen-Maske« ab.
- Mache dich verletzlich, um mutige Entscheidungen treffen zu können.
- Ziehe Selbstvertrauen aus deinem Sinn, erkenne, wann dein Ego dir dabei in die Quere kommt.
- Hilf deinen Mitarbeiter*innen, ihre eigenen Bestimmungen zu finden.
- Belohne auch unsichtbare Arbeit in deinem Unternehmen.

- Überdenke deine Vorstellung von Wachstum.
- Finde Freude in deiner Arbeit.

Das sind unsere 11 Prinzipien für eine revolutionäre Arbeitswelt, denn diese Ratschläge hätten wir uns selbst gewünscht, als wir unsere Firmen gründeten. Inzwischen haben wir diese Sätze auswendig gelernt und an die Wand neben unseren Schreibtischen gepinnt, damit sie uns jeden Tag daran erinnern, dass eine bessere Businesswelt möglich ist. Es liegt an uns, sie zu erschaffen.

Der richtige Zeitpunkt ist jetzt, und die richtigen Menschen sind wir. Wir sind die Revolutionärinnen. Die Zeit, in der wir versucht haben, uns einer kaputten Start-up-Welt und einem kaputten Wirtschaftssystem anzupassen, ist vorbei.

Das große Ganze

In diesem Buch haben wir uns die Möglichkeiten für Veränderungen auf der individuellen und der Organisationsebene angeschaut. Aber wir Menschen und unsere Firmen existieren in einem strukturellen Rahmen. Obwohl wir diesen Rahmen nicht erschöpfend analysieren wollen, müssen wir ein paar Punkte dennoch ansprechen. Schließlich ist unser Verhalten als Gründerinnen zutiefst vom patriarchalen und kapitalistischen System geprägt, in dem wir operieren und das uns alle sozialisiert hat.

Im Moment befinden wir alle uns in der machtvollen Position, dieses System entweder zu stützen oder – falls wir es wagen – zu hinterfragen und grundlegend zu erneuern. Die Wirtschaft zu verändern, ist natürlich eine politische

Angelegenheit. Aber es gibt auch Wege abseits der Partei-
politik. Mit unserem Buch wollen wir eine Lanze dafür
brechen, dass eine Revolution nötig ist und dass wir alle Teil
davon sein können. Der Antrieb dieser Revolution ist unser
aller Bedürfnis nach nachhaltigen, fairen und menschenzentrierten Business-Praktiken, die für unser Wohlbefinden und
unser zukünftiges Überleben unabdingbar sind. Stephanie
drückt es so aus: »Ich habe mich noch nie zur politischen
Linken gezählt. Ich bin eher Wechselwählerin, und ich betrachte Mitarbeiterbeteiligung definitiv nicht als eine Form
von verkapptem Kommunismus. Wenn es überhaupt eine
ideologische Komponente gibt, dann die Idee von Fairness
innerhalb des existierenden Systems.«

Stephanie zitiert außerdem den Unternehmer John
Spedan Lewis, der schon in den 1950er-Jahren seine Firma
seinen Angestellten übergab, mit den Worten: »Der momentane Zustand ist eine Perversion aller Werte des Kapitalismus. Es ist falsch, dass es Millionäre gibt, solange Slums noch
existieren. Lohnunterschiede müssen spürbar sein, damit
sie Menschen dazu anspornen, ihr Bestes zu geben, aber die
momentanen Unterschiede sind viel zu groß.« Und das ist
ungefähr siebzig Jahre her ...

Schrecken wir also nicht davor zurück, das gesamte
kapitalistische System infrage zu stellen. Schließlich sind
wir damit nicht allein. Einer Harvard-Studie zufolge lehnen
51 Prozent aller Amerikaner*innen zwischen 18 und 29 Jahren den Kapitalismus ab.[76] Sie empfinden ihn als unfair,
denn harte Arbeit bedeutet nicht mehr unbedingt, dass man
ein sorgenfreies Leben führen kann. Laut einer YouGov-
Umfrage von 2015 halten 64 Prozent aller Brit*innen den
Kapitalismus für ungerecht und sind der Meinung, dass er
Ungleichheit vergrößere.[77] In Deutschland stehen sogar

77 Prozent der Bürger*innen dem Kapitalismus skeptisch gegenüber.[78]

Und warum? Der Anthropologe Jason Hickel von der London School of Economics meint dazu: »Ein System, dessen oberstes Ziel es ist, Natur und Menschen in Kapital zu verwandeln und Produktion und Profit Jahr um Jahr zu erhöhen ohne Rücksicht des Preises für Mensch und Umwelt, [...] ist grundlegend falsch. Und wenn wir ehrlich sind, macht Kapitalismus genau das. Dies wird deutlich, indem wir immerzu das Wachstum des Bruttoinlandsprodukts als wichtigsten Entwicklungsindikator betrachten. Und das, obwohl wir wissen, dass das Bruttoinlandsprodukt alleine nichts dazu beiträgt, Armut zu verringern oder die Bürger glücklicher und gesünder zu machen. Das weltweite Bruttoinlandsprodukt ist seit 1980 um 630 Prozent gewachsen – aber andere Wachstumsmaße zeigen, dass in der gleichen Zeitspanne Ungleichheit, Armut und Hunger größer geworden sind.«[79]

Eine Revolution ist nur dann eine Revolution, wenn sie einen Systemwechsel herbeiführt. Aber um das zu schaffen, müssen wir durch Selbstreflexion erkennen, wo wir selbst unwissentlich in Strukturen und Denkweisen gefangen sind, die uns schaden und die wir oft sogar am Leben erhalten und verstärken. Dabei soll dieses Buch helfen.

Das letzte Wort

Kürzlich ergab eine Studie, die in der *Harvard Business Review* veröffentlicht wurde, dass Frauen bei den wichtigsten Führungsqualitäten besser abschneiden als Männer.[80] Mehr noch, viele Frauen nehmen im Kampf gegen globale Krisen wie etwa dem Klimawandel zentrale Rollen ein. Weibliche Vorstandsmitglieder sind beispielsweise doppelt so oft wie ihre männlichen Kollegen davon überzeugt, dass der Klimawandel in Unternehmensstrategien berücksichtigt werden muss.[81] Und doch sitzen in den Topetagen börsennotierter Unternehmen in Deutschland nur 9 Prozent Frauen.[82]

Warum gibt es eine so große Diskrepanz zwischen den Führungsqualitäten von Frauen und der Führungsrolle, die sie tatsächlich einnehmen? Warum bringen diese Qualitäten sie nicht öfter in Spitzenpositionen?

Weil sie innerhalb eines kaputten Systems operieren.

Nicht die Frauen müssen wir verändern, sondern das System. In der Zwischenzeit sind viele weitere Revolutionärinnen eifrig dabei, ein alternatives System und eine neue Art des Wirtschaftens zu entwickeln, die nicht nur für sie, ihre Firmen und ihre Angestellten besser sind, sondern auch für die Gesellschaft und unseren Planeten.

Wer hätte das gedacht? Die Revolution hat begonnen und lässt sich nicht mehr aufhalten. Bist du dabei?

***

184

Vielleicht fragst Du Dich nun nach Ende der Lektüre: »Was nun?«. Fang einfach bei Dir selbst an: Schreibe unsere 11 Prinzipien des revolutionären Arbeitens auf und hänge sie neben Deinen Schreibtisch. Viele dieser Werte kannst du selbst leben und somit vielleicht ein bisschen revolutionären Wind auch in dein Unternehmen tragen.

Habe jedoch Geduld: Wir selbst wissen, wie schwierig es ist, eigene Muster zu durchbrechen und Dinge wirklich anders zu machen. Daran müssen wir selbst jeden Tag arbeiten. Dabei hilft uns übrigens vor allem der Austausch miteinander sehr.

Willst auch Du Fragen, Zweifel, Ideen und Erfahrungen einbringen, nimm gerne Kontakt zu uns auf. Denn natürlich lernen wir auch von Euch und wünschen uns deshalb einen Austausch zu euren Erfahrungen.

Denn nur gemeinsam und mit vielen diversen Stimmen werden wir das System verändern.
#fixthesystemnotthewomen

Insta: @startingarevolution
Website: www.starting-a-revolution.com

FAQ

Wir wissen, dass vieles in diesem Buch erst einmal auf Skepsis und Widerstand stoßen kann. Hier sind einige Fragen, die du nach der Lektüre des Buches vielleicht haben wirst, und unsere Antworten darauf.

Was mache ich, wenn eine meiner Mitarbeiter*innen ausdrücklich darauf besteht, dass er oder sie äußeren Druck oder eine von Konkurrenz geprägte Arbeitsumgebung braucht, um Höchstleistungen zu erbringen?

Es ist durchaus möglich, dass dein Team noch nicht bereit für das ist, was du anbietest: eine Unternehmenskultur, die auf Wertschätzung, Vertrauen und Freundschaft beruht. Wenn Mitarbeiter*innen in einer wettbewerbslastigen Umgebung sozialisiert worden sind, glauben sie womöglich, dass Druck der einzige Weg ist, um erfolgreich zu sein. Wenn du aber möchtest, dass deine Firma einen menschenorientierten, ganzheitlichen und wertschätzenden Führungsstil pflegt, dann mache das zu deinem ersten Anliegen, und vermittle genau das deinem Team. Wenn du merkst, dass einige Mitarbeiter*innen Probleme bei der Umstellung haben, sprich ganz offen darüber, und biete ihnen Hilfe an, sei es durch regelmäßige Feedback-Sessions oder externes Coaching. Falls du (und idealerweise auch die Mitarbeiter*in) im Laufe der Zeit feststellen, dass die Situation unverändert bleibt, dann solltet ihr einen Weg suchen, euch einvernehmlich zu trennen. Falls dein Führungsstil und die Erwartungen von Mitarbeiter*innen sich beim besten Willen nicht unter einen Hut bringen lassen, raten wir dir, lieber Abfindungen zu zahlen, anstatt deine Ideale zu verraten.

Was mache ich, wenn einige meiner Mitarbeiter*innen die Freiheit und die Verantwortung, die ich ihnen übergeben will, nicht annehmen? Was mache ich, wenn mein Team oder einzelne Mitarbeiter*innen keine Eigenverantwortung entwickeln?

Die meisten Leute sind Freiheit und Autonomie am Arbeitsplatz nicht gewöhnt. Wie Joana und Bettina Rollow in ihrem Buch »New Work needs Inner Work« beschreiben, nimmt man durchs Eliminieren klassischer Arbeitsstrukturen und gewohnter Hierarchien seinen Mitarbeiter*innen das Gefühl von Sicherheit. Menschen gehen sehr unterschiedlich mit Unsicherheit um, also brauchen einige wahrscheinlich mehr Hilfe als andere. Wir raten, zur Unterstützung dieser Mitarbeiter*innen beispielsweise einen externen und erfahrenen Coach an Bord zu holen, der Firmen durch solche Transformationsprozesse begleitet. Idealerweise könnten auch Mitarbeiter*innen, die besser mit der Veränderung zurechtkommen, als Mentor*innen für diejenigen mit größeren Anpassungsproblemen fungieren. Mehrere Studien zeigen, dass es einen Zusammenhang zwischen Zufriedenheit am Arbeitsplatz und der Möglichkeit gibt, selbst Entscheidungen zu treffen.[83] Wir sind überzeugt davon, dass mit der Zeit die meisten Menschen Freiheit und Autonomie schätzen lernen.

Kann ich wirklich ohne äußeren Druck mit zufriedenen Mitarbeiter*innen eine erfolgreiche Firma aufbauen?

Zuallererst solltest du dir klarmachen, was Erfolg für dich bedeutet. Wenn du einen Führungsstil pflegen möchtest, der menschenorientiert, ganzheitlich und wertschätzend ist, dann ist es deine Aufgabe, eine Atmosphäre zu schaffen, in der deine Angestellten ihr volles Potenzial entfalten können. Es gibt viele Möglichkeiten, dies zu erreichen, aber am Ende kommt es darauf an, wie du zu jeder Einzelnen deiner Mitarbeiter*innen stehst. Wenn du es schaffst, ihre Stärken zu sehen und ihrer Integrität zu vertrauen, wenn du überzeugt bist, dass jede*r Einzelne von ihnen ein außergewöhnliches Talent hat, das nur darauf wartet, gefördert zu werden, dann bist du definitiv auf dem richtigen Weg.

Grundsätzlich solltest du deinen Mitarbeiter*innen dabei helfen, sich auf ihre Fähigkeiten und Talente zu konzentrieren, anstatt auf das, was ihnen fehlt. Die meisten von uns leiden mehr unter ihren Schwächen, als sie auf ihre Stärken stolz sind. Wenn du es schaffst, das schiefe Bild, das viele deiner Mitarbeiter*innen womöglich von sich haben, geradezurücken, dann werden alle produktiver und zufriedener werden. Der Gallup-Stärkenfinder und das Konzept der Appreciative Inquiry sind hier hilfreich.

Dennoch kann es sein, dass die Fähigkeiten einer Mitarbeiter*in nicht zu deinen Bedürfnissen passen. Wenn du es dir leisten kannst, versuche, für diese Mitarbeiter*in eine andere Aufgabe zu finden, die besser zu ihr passt. Falls das nicht möglich ist, raten wir dazu, sehr transparent und offen darüber zu sprechen und sich im besten Fall einvernehmlich zu trennen. An die Fähigkeiten deiner Angestellten zu glauben, heißt übrigens nicht, dass du kein kritisches Feedback geben darfst. Wenn dir etwas auffällt, womit du nicht einverstanden bist, oder Fehler sich wiederholen, rufe dir die Fähigkeiten der betreffenden Person ins Gedächtnis (ab einem gewissen Punkt wird das instinktiv funktionieren). Das wird deine Einstellung gegenüber deiner Mitarbeiter*in im Feedbackprozess beeinflussen, und es wird auch einen Einfluss darauf haben, wie deine Rückmeldungen aufgefasst werden.

Wenn du immer noch Zweifel hast, frage dich selbst: Würde hartes Feedback dich selbst dazu bringen, dich zu ändern? Oder wäre ein durch Wertschätzung bestimmtes Gespräch, das deine Stärken betont und zugleich auf Gebiete hinweist, in denen du dich verbessern kannst, ein wirksamerer Antrieb für dich? Kim Scotts »Radical Candor« ist hier sehr hilfreich.

Aber im Büroalltag brauchen wir doch »professionelle Distanz«, oder?

Wir sind der Meinung, dass wir unser Arbeits-Ich NICHT von unserem privaten Ich trennen sollten. Wir alle sind komplexe Menschen, die manchmal glücklich und manchmal traurig sind. Aber letztlich wollen wir alle Teil einer Gemeinschaft sein, und wir wollen uns alle weiterentwickeln. »Professionelle Distanz« kann bewirken, dass wir unser Gegenüber nicht als ganzen Menschen behandeln – sondern als Wesen, das zu funktionieren hat. Es ist beinahe, als würden wir versuchen, einen Teil der Mitarbeiter*innen und Kollegen auszuradieren, wenn wir nur über berufliche Angelegenheiten mit ihnen sprechen. Wir alle wissen: Wir können unseren emotionalen Zustand nicht von unserer Arbeitsleistung trennen. Wenn du deinen Mitarbeiter*innen gegenüber kühl und abweisend bist, wird das direkten Einfluss auf ihre Performance haben. Unserer Erfahrung nach schadet das Konzept von professioneller Distanz zwischen dir und deinen Mitarbeiter*innen und Kollegen mehr, als dass es nützt.

*Wollt ihr damit sagen, dass man nur mit Freunden arbeiten und/oder sich mit Mitarbeiter*innen anfreunden soll?*

Wir wollen dich dazu ermutigen, ein Team aufzubauen, in dem sich alle zu Hause fühlen und als vollwertige Menschen akzeptiert werden. Wenn du neue Mitarbeiter*innen einstellst, könntest du dich zum Beispiel fragen, ob dir diese Person sympathisch ist. Das bedeutet nicht, dass alle ihre Freizeit miteinander verbringen müssen. Wir glauben aber, dass ein harmonisches Team in freundschaftlicher Atmosphäre exzellente Arbeit leisten kann.

Entgegen der gängigen Meinung halten wir es nicht per se für ein Problem, mit Freund*innen zu arbeiten. Jedoch sollte man gut überlegen, mit *welchen* Freunden man arbeiten möchte – nicht jede gute Freund*in ist auch eine gute Geschäftspartner*in oder Kolleg*in. Sei hier genauso wählerisch wie in jedem anderen Einstellungsprozess, und denke daran, dass Vielfalt allen dabei helfen wird, zu wachsen. Halte lieber nach einer Person Ausschau, die anders ist als du und ein Gegengewicht zu dir bilden kann, als nach jemandem zu suchen, der dir sehr ähnlich ist. Vor allem falls ihr enge Freund*innen seid, solltet ihr euch bewussten Raum für Feedback schaffen.

Danke!

Dieses Buch zu schreiben, war eine Herzensangelegenheit für uns. Deshalb sind wir den vielen Menschen, die uns dazu ermutigt haben, ganz besonders dankbar. Zuerst natürlich unseren Revolutionärinnen. Anna, Catherine, Ida, Jennifer, Joana, Stephanie und Vivienne: Wir danken euch aus tiefstem Herzen dafür, dass ihr uns aufgeklärt, inspiriert und bereichert habt.

Bei der Recherche für dieses Buch haben wir mit weiteren großartigen Frauen gesprochen, die uns ihre Zeit geschenkt, ihre Erkenntnisse und Geschichten mit uns geteilt und uns unterstützt haben. All das, was wir von euch gelernt haben, ist Teil dieses Werks geworden. Und dafür sind wir dankbar. Vor allem Vera Strauch war uns eine wichtige Inspirations- und Stärkequelle. Falls dir unser Buch gefallen hat, solltest du dich mit Veras Arbeit auseinandersetzen.

Auch danken wir unseren Mitgründer*innen dafür, dass sie uns zur Seite stehen und uns dabei helfen, zu wachsen. Nicole, Nadia und Kimon, wir danken euch so sehr für eure Liebe und Freundschaft. Ohne euch würde es dieses Buch nicht geben.

Dank gilt unseren wunderbaren Teams und allen, mit denen wir je zusammengearbeitet haben. Danke für eure

Geduld (!) und dafür, dass ihr uns auf dieser Reise begleitet habt.

Ariane Conrad und die Crew von Storia: Dank euch konnte diese Reise auf die bestmögliche Art und Weise beginnen.

Charlotte, unsere furchtlose Lektorin, und Carina, unsere fleißige Researcherin: Eure Beiträge, eure Kritik und eure Ideen waren von unschätzbarem Wert. Danke, dass ihr uns davor bewahrt habt, den Verstand zu verlieren. Ihr habt dieses Buch viel, viel besser gemacht.

Danke an Tobi und Stahl R für die unendliche Kreativität und dafür, dass ihr dieses Buch so schön gestaltet habt. Und an Peter, den kreativsten und sympathischsten (Crowd-funding-Video-)Regisseur aller Zeiten. Nicht zu vergessen Thulani – du hast mit deinen fantastischen Illustrationen die Revolutionärinnen zum Leben erweckt. Tim, Jana, Helen, Teresa, Tilman, Kimon, Nadia, Nicole, Andrea und Mia: Danke dafür, dass ihr die Art Freund*innen seid, die spontan ein ganzes Buch lesen und danach durchdachtes und ermutigendes Feedback geben. Charlotte und Matt, Pia und Paul – unsere Familie. Danke, dass ihr immer für uns da seid.

Und zu guter Letzt danke an Raz und Nico. Ohne eure Liebe und Unterstützung hätten wir das nie geschafft. Danke, dass ihr verstanden habt, wie wichtig dieses Buch für uns ist.

Endnotes

1 Chamorro-Premuzic, Tomas. »Why do so many incompetent men become leaders?« Harvard Business Review, 22. August 2013. https://hbr.org/2013/08/why-do-so-many-incompetent-men

2 Oxfam-Presseerklärung. »An economy for the 99 %«, 16. Januar 2017. https://www.oxfam.org/en/pressroom/press-releases/2017-01-16/just-8-men-own-same-wealth-half-world

3 Clark, Kate. »Uber lost another 1B last quarter«, Tech Crunch, 30. Mai 2019. https://techcrunch.com/2019/05/30/uber-earnings/

4 Flinn, Kerry. »Inside Uber: women either drink the kool-aid or suffer«, Mashable, 23. Februar 2017. https://mashable.com/2017/02/23/uber-women-horrible-workplace/?europe=true

5 »Why Uber's boss must go«, The Economist, 15. Juni 2017. https://www.economist.com/leaders/2017/06/15/why-ubers-boss- must-go. Siehe auch McGoogan, Cara. »Google sues Uber over *stolen* driverless car technology«, The Telegraph, 24. 02. 2017. https://www.telegraph.co.uk/technology/2017/02/24/google-sues-uber-stolen-driverless-car-technology/

6 Conger, Kate. »Uber Settles Drivers' Lawsuit for $20 Million«,

New York Times, 12. März 2018. https://www.nytimes.
com/2019/03/12/technology/uber-drivers-lawsuit-settle.
html

7 Kelly, Heather. »Uber's never-ending stream of
   lawsuits«, CNN, 11. August 2016. https://money.cnn.
   com/2016/08/11/technology/uber-lawsuits/index.html

8 Frankenfield, Jake. »These are the 10 biggest U.S. startups by
   valuation«, Investopia, 25. Juni 2019. https://www.investope-
   dia.com/investing/10-biggest-start-ups-valuation-recode/

9 Shirley, Stephanie. Ein unmögliches Leben. Die außergewöhnliche Geschichte einer Frau, die die Regeln der Männer brach und ihren eigenen Weg ging. Goldmann Taschenbuch, München 2020.

10 Laloux, Frederic. Reinventing Organizations. Ein Leitfaden
   zur Gestaltung sinnstiftender Formen der Zusammenarbeit.
   Vahlen, München 2015.

11 Breidenbach, Joana und Bettina Rollow. New Work needs
   Inner Work. Ein Handbuch für Unternehmen auf dem Weg
   zur Selbstorganisation. Vahlen, München 2019.

12 Ebd., S. 68–71.

13 Ebd., S. 69.

14 Chamorro-Premuzic, Tomas. »Why do so many incompetent
   men become leaders?«, Harvard Business Review, 22. August
   2013. https://hbr.org/2013/08/why-do-so-many-incompe-
   tent-men

15 Holiday, Ryan. »Why Ego is The Greatest Opponent to Your
   Creativity and Success (And How to Fight Back)«, 6. Februar
   2017. https://ryanholiday.net/why-ego-is-greatest-oppo-
   nent-your-creativity-success-fight-back/

16 Dies ist einer der Grundpfeiler der Gemeinwohl-Ökonomie.
   Siehe: https://www.ecogood.org/de/idee-vision/darum-
   gemeinwohl/

17 Smith, Jeff H. »The Shareholders vs. Stakeholders Debate«,
    MIT Sloan Management Review, Band 44, Ausgabe 4,
    Sommer 2003. https://sloanreview.mit.edu/article/the-
    shareholders-vs-stakeholders-debate/

18 Cassidy, John. »The Greed Cycle«, The New Yorker, 23.
    September 2002. https://www.newyorker.com/magazine/
    2002/09/23/the-greed-cycle

19 Friedman, Milton. Kapitalismus und Freiheit, Stuttgart 1971,
    S. 133

20 Laloux, Frederic. Reinventing Organisations visuell: Ein illus-
    trierter Leitfaden sinnstiftender Formen der Zusammenarbeit.
    Vahlen, München 2016.

21 Ebd.

22 Rudd, Olivia. Business Intelligence Success Factors: Tools for
    Aligning Your Business in the Global Economy. John Wiley &
    Sons. 24. April 2009.

23 Beispiele siehe hier: http://structureprocess.com/
    holacracy-cases/

24 Brian Robertson und Frederic Laloux argumentieren für und
    gegen alternative Regierungsmodelle. https://www.youtube.
    com/watch?v=neo_KVOY2F4

25 Laloux, Frederic. Reinventing Organisations visuell: Ein
    illustrierter Leitfaden sinnstiftender Formen der Zusammen-
    arbeit. Vahlen, München 2016. S. 161 englische Ausgabe, noch
    recherchieren

26 Video über die Grundlagen Gewaltfreier Kommunikation
    mit Marshall Rosenberg hier: https://www.youtube.com/
    watch?v=VT8KGgDo6TY

27 Kashtan, Inbal und Miki Kashtan. »Key Assumptions and
    Intentions of NVC«, BayNVC.org. https://baynvc.org/
    key-assumptions-and-intentions-of-nvc/

28 Dunn, Brad. »A practical approach to non-violent communi-

cation«, Ohno, 5. Mai 2019. https://medium.com/@jester-hoax/a-practical-approach-to-non-violent-communication-nvc-627f2494ac14

29 Shirley, Stephanie. Let It Go: The Story of the Entrepreneur Turned Ardent Philanthropist. Andrews UK Limited, 2012. S. 218
Deutsche Ausgabe erscheint auf Deutsch als: Mein unmögliches Leben. Die außergewöhnliche Geschichte einer Frau, die die Regeln der Männer brach und ihren eigenen Weg ging. Vahlen, München 2020.

30 Boyce, Anthony S. Aon Hewitt, Levi R. G. Nieminen, Michael A. Gillespie, Ann Marie Ryan, Daniel R. Denison und andere. »Which comes first, organizational culture or performance? A longitudinal study of causal priority with automobile dealerships«, Journal of Organizational Behavior, Band 36, Ausgabe 3, April 2015. S. 339–359
https://www.worldcat.org/title/which-comes-first-organizational-culture-or-performance-a-longitudinal-study-of-causal-priority-with- automobile-dealerships/oclc/5811616905&referer=brief_results

31 Brown, Brené. Dare to Lead. Brave Work. Tough Conversations. Whole hearts. London, 2018. Auf Deutsch: Dare to lead – Führung wagen: Mutig arbeiten. Überzeugend kommunizieren. Mit ganzem Herzen dabei sein. Redline 2020

32 Brown, Brené. Dare to Lead. Brave Work. Tough Conversations. Whole hearts. London, 2018. S. 36

33 Edmondson, Amy. »Psychological Safety and Learning Behavior in Work Teams«, Administrative Science Quarterly. Band 44, Ausgabe 2, 1. Juni 1999. S. 350–383.

34 Kahn, William A. »Psychological Conditions of Personal Engagement and Disengagement at Work«. Academy of

Management Journal. Band 33, Ausgabe 4, 1. Dezember 1990.
S. 692–724.

35 Eine Methode zum Schaffen von »Psychologischer Sicherheit«
findet sich hier: https://rework.withgoogle.com/guides/
understanding-team-effectiveness/steps/foster-psycho-
logical-safety/

36 Delizonna, Laura. »High-Performing Teams Need Psychological Safety. Here's How to Create It«, Harvard Business
Review, 24. August 2017. https://hbr.org/2017/08/high-
performing-teams-need-psychological-safety-heres-how-to-
create-it

37 Eine Methode zum Schaffen von »Psychologischer Sicherheit«
findet sich hier: https://rework.withgoogle.com/guides/un-
derstanding-team-effectiveness/steps/foster-psychological-
safety/

38 Amy Edmondsons TED Talk »Building a psychologically safe
workplace« ist hier abrufbar: https://www.youtube.com/
watch?v=LhoLuui9gX8&feature=youtu.be

39 Scott, Kim. Radical Candor. How to get what you want by
saying what you mean. London, 2017.

40 Ebenda S. 30.

41 Ebenda S. 32.

42 https://www.gallupstrengthscenter.com

43 Die OKRs-Methode wurde ursprünglich von John Doerr
entwickelt. Er erläutert die Geschichte und den Einsatz von
OKRs in: Doerr, John. Measure What Matters: How Google,
Bono and the Gates Foundation Rock the World with OKRS.
London, 2018.

44 Wir haben diese Liste für unsere eigenen Vorstellungsgespräche zusammengestellt. Diese und weitere Fragen findest du
hier: https://www.threadsculture.com/interview-questions
and https://business.linkedin.com/talent-solutions/blog/

interview-questions/2018/5-interview-questions-company-
core-values

45   Deloitte. »The Deloitte Millennial Survey. Winning over the
     next generation of leaders«, 2016. https://www2.deloitte.
     com/content/dam/Deloitte/global/Documents/
     About-Deloitte/gx-millenial-survey-2016-exec-summary.
     pdf«report

46   Stephanie Shirley: Let it Go. The Story of Entrepreneur turned
     ardent philanthropist. Andrews UK Limited, 2012, S. 185–187
     (Kapitel 14)

47   Ebd.

48   Thomas, David A. und Robin J. Ely. »Making Differences
     Matter: A New Paradigm for Managing Diversity«, Harvard
     Business Review, Ausgabe September-October 1996. https://
     hbr.org/1996/09/making-differences-matter-a-new-
     paradigm-for-managing-diversity

49   Green, James. »The Cloning Effect in Hiring Employees«,
     Chron, https://smallbusiness.chron.com/cloning-effect-
     hiring-employees-32348.html; Ladimej, Kazim. »Why We
     Should Stop Hiring Clones of Ourselves«, Recruiter, 9. April
     2014. https://www.recruiter.com/i/why-we-should-stop-
     hiring-clones-of-ourselves/

50   Einen Leitfaden zum Erkennen unbewusster Vorurteile finden
     Sie hier: https://rework.withgoogle.com/guides/
     unbiasing-raise-awareness/steps/introduction/ oder hier:
     https://www.anti-bias.eu/category/anti-bias/

51   Praktische Einstellungstipps finden Sie hier: https://rework.
     withgoogle.com/subjects/hiring/

52   Jenkins, Jr., G. Douglas, Atul Mitra, Nina Gupta und Jason
     D. Shaw. »Are Financial Incentives Related to Performance?
     A Meta-Analytic Review of Empirical Research«, Journal of
     Applied Psychology, 1998. Band 83, Ausgabe 5, S. 777–787.

http://www.polyu.edu.hk/mm/jason/doc/Jenkins-Mitra-Gupta-Shaw%201998%20JAP.pdf

53 Slater, Philip. »Wealth Addiction«, Plume, 1983.

54 UN Report: »Nature's Dangerous Decline ›Unprecedented‹;
Species Extinction Rates ›Accelerating‹«, 6. Mai 2019;
https://www.un.org/sustainabledevelopment/
blog/2019/05/nature-decline-unprecedented-report/

55 Im Baseball wird ein Double erreicht, wenn der Schlagmann
den geworfenen Ball schlägt und sicher bis zur zweiten Base
gelangt, ohne dass der Schiedsrichter abpfeift, ohne dass ein
Feldspieler einen Fehler macht oder ein anderer Runner durch
einen Feldspieler im Aus landet. Im Ergebnis kann man damit
genauso gewinnen wie mit einem Home Run, nur nicht ganz
so spektakulär.

56 Business Angels sind oft Einzelpersonen, die sehr früh, also
noch vor dem ersten formellen Investment, eher kleinere Be-
träge investieren, um einem Business kurz nach der Gründung
die ersten Schritte zu ermöglichen.

57 Im folgenden Video werden Crowdfunding und Crowdinvesting einfach erklärt: https://www.youtube.com/watch?v=-
mbVCLmxa2Z8. Siehe auch: https://www.merriam-webster.
com/dictionary/crowdfunding. Siehe auch: https://www.
crowdfunding.com/

58 BBC, »The Statue of Liberty and America's crowdfunding
pioneer«, 25. April 2013. https://www.bbc.com/news/
magazine-21932675

59 https://www.fundable.com/crowdfunding101/history-of-
crowdfunding

60 Statista. »Percentage of successfully funded Kickstarter
projects as of December 2019«: https://www.statista.com/
statistics/235405/kickstarter-project-funding-success-rate/

61 Statista. »Crowdfunding« https://www.statista.com/

outlook/335/100/crowdfunding/worldwide?currency=
eur

62 Nguyen, Stacey. »The 8 Best Crowdfunding Sites of 2019«,
Small Business, 6. Mai 2019. https://www.thebalancesmb.
com/best-crowdfunding-sites-4580494 Siehe auch https://
www.crowdfunding.com/

63 Deckers, Erik. »Top 20 crowdfunding platforms of 2019«,
GoDaddy, 11. Februar 2019. https://www.godaddy.com/
garage/top-20-crowdfunding-platforms/ Siehe auch:
Boucher, Chris. »Successful Crowdfunding Campaign:
The Ultimate Guide | Infographic«, Medium, 1. April 2019.
https://medium.com/@chris_boucher/successful-crowd
funding-campaign-the-ultimate-guide-infographic-5fec48
c1bfb3

64 The Startup Team. »Key crowdfunding Statistics«, startups.
com, 3. Dezember 2018. https://www.startups.com/library/
expert-advice/key-crowdfunding-statistics

65 Crowdfunding Female Future Force Academy: https://www.
startnext.com/femalefutureforce

66 Crowdfunding Wildling Shoes: https://www.kickstarter.
com/projects/1744270822/wildling-shoes- better-shoes-for-
wild-kids/posts

67 Companisto über »Crowdinvesting vs. Crowdfunding«:
https://www.companisto.com/en/page/crowdinvesting-vs-
crowdfunding

68 Brandel, Jennifer, Mara Zepeda, Astrid Scholz und Aniyia
Williams. »Zebras Fix What Unicorns Break«, Medium,
8. März 2017. https://medium.com/@sexandstartups/
zebrasfix-c467e55f9d96

69 Strategische Investoren kommen aus einer ähnlichen Branche.
Das erlaubt ihnen, nicht nur ihr Geld, sondern auch ihre Zeit,
strategische Ratschläge und wichtige Kontakte einzubringen.

Möglicherweise haben sie Interesse daran, irgendwann die gesamte Firma zu kaufen.

70 Eine Einführung in Design Thinking findest du hier: https://hpi.de/studium/design-thinking.html

71 Kessler, E. H. »The Appreciative Inquiry Model«, Encyclopedia of Management Theory, Sage Publications, 2013. http://www.gervasebushe.ca/the_AI_model.pdf

72 Acosta, A., und Douthwaite, B. Appreciative Inquiry: An approach for learning and change based on our own best practices, ILAC Brief, Ausgabe 6, 2005.

73 Jane Mcgonigalls TED Talk »Gaming Can Make a Better World« ist hier abrufbar: https://www.ted.com/talks/jane_mcgonigal_gaming_can_make_a_better_world

74 Ebenda.

75 Love, Charmian und Rachel Sinha. »Bringing an Entrepreneurial Mindset to the World's Failing Systems«, Harvard Business Review, 2. Februar 2015. https://hbr.org/2015/02/bringing-an-entrepreneurial-mindset-to-the-worlds-failing-systems

76 Ehrenfreund, Max. »A majority of millennials now reject capitalism, poll shows.«, The Washington Post, 26. April 2016. https://www.washingtonpost.com/news/wonk/wp/2016/04/26/a-majority-of-millennials-now-reject-capitalism-poll-shows

77 Hickel, Jason und Martin Kirk. »Are You Ready To Consider That Capitalism Is The Real Problem?«, Fast Company, 11. November 2017. https://www.fastcompany.com/40439316/are-you-ready-to-consider-that-capitalism-is-the-real-problem

78 Ebenda.

79 Ebenda.

80 Ebenda.

81 PwC. »PwC's 2018 Annual Corporate Directors Survey. The

evolving boardroom Signs of change«, 2018. https://www.
pwc.com/us/en/services/governance-insights-center/
library/annual-corporate-directors-survey.html

82 https://www.ey.com/de_de/news/2020/01/ey-frauen-
anteil-in-vorstandsgremien-steigt-weiter-an

83 Duhigg, Charles. »Wealthy, Successful and Miserable«, The
New York Times, https://www.nytimes.com/interactive/
2019/02/21/magazine/elite-professionals-jobs-happiness.
html

Felix Plötz

Das 4-Stunden-Startup

Wie Sie Ihre Träume
verwirklichen ohne
zu kündigen

Taschenbuch.
Auch als E-Book erhältlich.
www.ullstein.de

»Die Bibel der Teilzeitgründer« Business Punk

Neben der Arbeit sein eigenes Ding machen – geht
das? Ja! Ein 4-Stunden-Startup bietet mehr Geld, mehr
Freiheit und mehr Platz für Träume. Vor allem aber: die
Sicherheit einer Festanstellung. Felix Plötz hat bereits
mehrfach »nebenbei« gegründet. Er kennt die wichtigen Tipps und Tricks, um aus einer Leidenschaft eine
Geschäftsidee zu machen. Authentische Beispiele zeigen, welche Ideen andere umgesetzt haben – und wie
ihr Leben aufregender, selbstbestimmter und finanziell
unabhängiger wurde.

*Felix Plötz »wird als Mutmacher in Sachen Selbständigkeit
gefeiert«.* Berner Zeitung

ullstein